2008年の暑い夏

「架空循環取引の
発覚に直面して、
苦闘した足跡と
そこから得た
教訓の記録」

中川敏幸
TOSHIYUKI NAKAGAWA

はしがき

令和5年（2023年）6月末をもって、昭和56年（1981年）4月入社以来約42年間勤務した株式会社ジーエス・ユアサコーポレーション（旧日本電池株式会社を含む）を退任、退職した。

筆者は、入社後約13年間人事労政部門に在籍し、その後経理財務部門へ転籍した。日本電池株式会社と株式会社ユアサコーポレーションとの経営統合をはさんで、その後は一貫して経理財務部門に携わり、執行役員・取締役時代には財務統括（現理財）部長を、また常務取締役・専務取締役・取締役副社長時代にはCFO（最高財務責任者）を担い、常に会社の経理財務関連の業務の中枢の立場にいることになった。

今から思えばあっという間の42年であったと言える。その間、色々思い出に残ることはあるが、その大半は個人の感傷的なものであり、同じような企業人経験者であれば大なり小なり持っておられるものであろう。

そのような中、今回職を辞して少し時間的に余裕が出来たことをきっかけに、筆者が経験した数多くの事象の中でも、最も厳しい状況に置かれたものの中の一つを取り上げて、その顛末をまとめることにした。敢えて厳しい経験を俎板に上げる理由は、成功体験を並び立てたとしても何の意味もなく、失敗とは言わないが、人は厳しい局面に置かれたとき、全身全霊を尽くしてその事象に立ち向かう、その局面でこそ他者の参考になるヒントが含まれるのではないかと考えるからである。

そこで、今回取り上げたのは、筆者が執行役員財務統括部長時代に発覚した不正会計の一種、架空循環取引にまつわる事件である。一般的にこうした事件が発覚した企業の財務責任者はその対応や責任追及で多忙を極め、精神的・肉体的にも極限まで追い込まれるケースがあるように聞く。今から思えば、よく身体が持ったとつくづく思う。それほどの激務をどのように克服していったのかを書き記しておこうと思い至った次第である。

すでにこの事件から15年以上が経つが、今思い返しても内容に古さは感じない。むしろ今でも色々な企業で不祥事が生じ、その対応の如何で世間から糾弾を受けることが多く、歴史は繰り返している感が否めない。もう時効になっていることもあろうかと思うので、かなり踏み込んだ話まであえて織り込んだつもりである。

このようなことは起こしてはいけないのであるが、万一発生した際に皆さんの参考、一助になればうれしい。

尚、記載内容は、当時筆者が書き残したメモや手帳のスケジュールをもとに書き起こしているため、事実誤認や専門的見地からの確認に課題が残るところがあろうかと思うが、その点はお許しいただきたい。

また、資料６（Ｐ．１５４～Ｐ．１５３）として「時系列一覧」を添えてある。本文を読み進めるに際して参照願いたい。

●本書の構成
本文全１５２頁（Ｐ．１～Ｐ．１５２）
資料全84頁（Ｐ．２３６～Ｐ．１５３）……横組の為逆進します
（資料Ｐ．１～資料Ｐ．84）……資料のみの頁も下部に表記

目次

〈グループ会社の略称〉

「株式会社」略

GYC　ジーエス・ユアサコーポレーション

GYP（GY）　ジーエス・ユアサパワーサプライ（GSユアサ）

GYL　ジーエス・ユアサライティング

GYAS　ジーエス・ユアサアカウンティングサービス

GYB　ジーエス・ユアサバッテリー

GYID　ジーエス・ユアサインダストリー

GS　旧日本電池

〈登場する組織〉

B銀行　GYCのトップレフトのメインバンク（旧日本電池のメインバンク）

I銀行　GYCの並行メインバンク（旧ユアサ　コーポレーションのメインバンク）

D監査法人　4大監査法人の一つ、旧日本電池時代以来継続して会計監査を担当

G監査法人　4大監査法人の一つ、架空循環取引の実態調査を担当

A総合法律事務所　東京の大手総合法律事務所、K弁護士も所属していた事務所
外部調査委員会から依頼された調査報告、損害賠償請求訴訟を担当

T法律事務所　債権債務関係の訴訟を多く取り扱っている事務所、当該訴訟を担当

〈登場する人物〉

Y　GYC代表取締役社長

U　GYC代表取締役副社長

S　GYC常務取締役（東京支社長）

M　GYC常務取締役（財務担当役員）、GYL社長

N　GYC執行役員広報室長

H　GYC総務統括部長

R　GYL専務取締役

T　GYL企画部長

O　GYL千葉営業所長➡架空循環取引の首謀者

C　元GYL社長

J　元GYL営業部長➡首謀者の元上司

K　弁護士　A総合法律事務所パートナー、旧日本電池以来アドバイスを受けている弁護士

Z　弁護士　A総合法律事務所所属で、元敏腕検事

筆者　GYC執行役員財務統括部長

第1章

プロローグ

2008年8月、夏の出来事

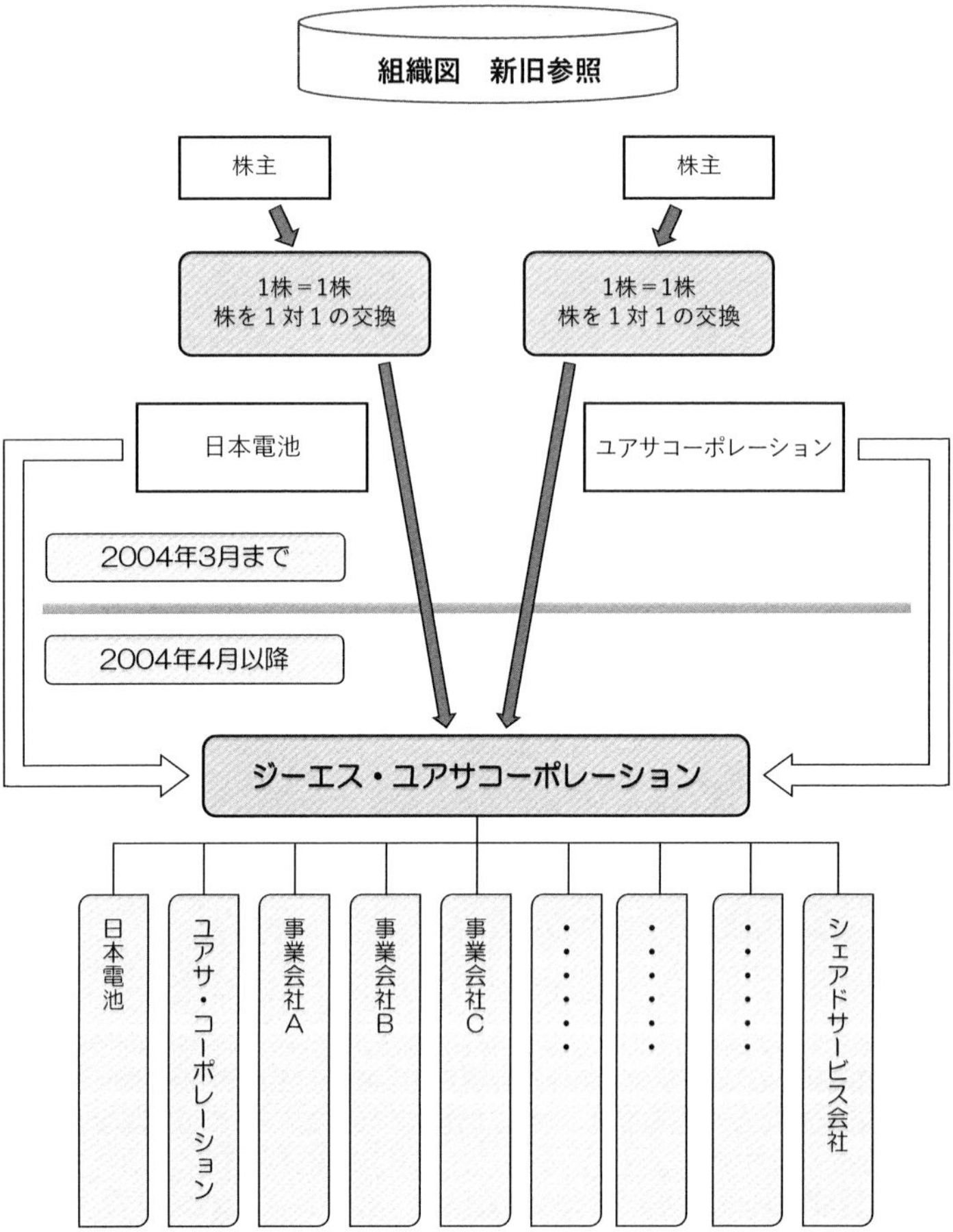

2004年3月末に、日本電池とユアサ・コーポレーションの株式を、それぞれ4月1日以降のジーエス・ユアサコーポレーションの株式と1対1の割合で株式交換する。その上で4月以降に日本電池とユアサコーポレーションの各事業を会社分割し、それぞれ合併させる。尚、主要な管理部門もシェアドサービス会社数社を設立し、そこへ移管した。

図１．新旧参照組織イメージ図

この年の夏は、例年以上とは言わないものの、例年と比べても勝るとも劣らない暑い夏だった。8月9日の土曜日から17日の日曜日までの9日連続の夏休み。前半の国内避暑旅行から戻り、京都市伏見区の自宅マンションにてエアコンをつけてくつろいでいた8月13日の昼下がり。突然携帯電話が鳴った。コールしてきた相手は、私が勤務している会社、株式会社ジーエス・ユアサ　コーポレーション（以下GYC社）の財務担当役員M常務取締役であった。

GYC社は、この年から遡ること4年余り前に、日本電池株式会社（以下GS社）と株式会社ユアサ　コーポレーションが「1対1」の株式交換比率による、いわゆる経営統合をして出来た会社である（図1．参照）。GYC社という持ち株会社と複数の事業会社を中心とした企業グループで、東京及び大阪証券取引所の第一部上場企業である（大阪証券取引所はその後東京証券取引所と合併）。主たる事業は蓄電池の製造販売であった。尚、このM常務取締役は当社のメインバンク[1]出身で、GYC社の常務取締役として、財務・情報システム並びにライティング（照明）事業[2]を担当していた。また、筆者はGYC社執行役員財務統括部長であった。

注1：メインバンクとは一般の企業において、融資をはじめ銀行取引の中で最も重要な位置を担う銀行のことをいう。経営統合以前の両社はそれぞれ別のメインバンク（いずれも現在のメガバンク）を有しており、この財務担当役員のM常務取締役は経営統合直前に日本電池（GS社）のメインバンクより転籍していた。

注2：当時ライティング事業は株式会社ジーエス・ユアサ　ライティング（以下GYL社）として日本電池（GS社）から分社化されていた。

話を元に戻そう。この連休の中日（なかび）に何事だろうかといぶかりながら電話に出ると、次のような内容であった。

「この夏休み前から休みの前半も使って、膨らんでいるライティング事業の売掛債権をGYL社に精査させたところ、かなりの額の架空債権が含まれている可能性があることが分かった。どう対処すればよいだろうか。」

という趣旨である。筆者にとっては寝耳に水のことであり、信じられない話である。そのため、次のように返答をした。

「そのようなことはありえないことで、何かの間違いではないでしょうか。いずれにせよ、皆が夏休み中で身動きが取れないでしょうから、本格的な対応は来週明け月曜日の18日からとりかかりましょう。」

言うまでもないが、この情報はほぼ同時に私以外の関係者[3]にも伝えられていた。

注3：当時の関係者としては、GYC社及び株式会社ジーエス・ユアサパワーサプライ（以下GYP社）のY代表取締役社長、同じくU代表取締役副社長（人事、総務、経営戦略部門を担当）、GYC社執行役員N広報室長、そしてGYC社H総務部長くらいに限定されていたと記憶している。

このライティング事業の売掛債権を精査するに至ったのは、次のような背景があった。GYC社では、かねてより毎月1回、月末の原則第4火曜日に「グループ事業会議」を開催し、それぞれの事業部及び主要事業会社の計画から月次の進捗状況確認、そして今後の対応等を報告する会議体を設けていた。この中で、ライティング事業の売掛債権の水膨れを懸念していた財務統括部は、その圧縮要請をかねてより行っていたものの、遅々として改善が見られなかった。従前より当該事業は売掛債権の手持ち月数が3か月程度に及んでいたが、それがどんどん長期化し、足下では5か月を超えるような状況になっていた。そのため、GYC社のY社長にあらかじめ報告、相談し、去る2008年7月29日（火）のグループ事業会議の場で、直接Y社長より事業責任者に対して実態調査を行うように厳命してもらうことになった。Y社長いわく

「君たち（ライティング事業部門）は、君（事業責任者）の前任の時から『売掛債権を減らします』

と言っていながら、減るどころか増える一方ではないか。どういうことなのか。きちんと調べて私に報告してくれ。」

という趣旨である。

また、それ以前にも、その前任の事業責任者より

「売掛債権の増加は、千葉営業所の売掛債権の増加が主たる要因であるが、中々減らすことが出来ない。」

という趣旨の発言が過去のグループ事業会議の中であったことも踏まえて、Y社長より、

「営業所をコントロール出来ないのはおかしいではないか。事業責任者としてしっかり管理してもらいたい。」

という趣旨の発言も付け加えられた。

以上、こうしたことをきっかけに、経理・財務のみならず、総務・法務・広報等がかつて経験したことのない対応に追われることになる。大暴風雨の中に舟を漕ぎだすようなものであったが、この時はまだそれほどの緊迫感はなかった。何しろ架空循環取引の「か」の字も知らず、

またその規模すら承知していなかったのだから……

この雰囲気を一変させたのは翌週である。8月28日(木)に、ライティング事業を担う事業子会社GYL社のR専務取締役とT企画部長から詳細な調査報告を注3記載の関係者が受け、それを踏まえて、翌29日(金)に監査役へ財務担当役員のM常務取締役(ライティング事業担当役員、GYL社の社長でもある)から報告がなされた。また、翌週月曜日にはGYC社の会計監査人である大手のD監査法人の公認会計士へ筆者から状況報告をした。

一方、これと並行して、法務的な対処もあろうかという判断で、通常相談をかける大阪の法律事務所の顧問弁護士だけではなく、会社にとって重要な事案が生じた際にいつも相談している東京にオフィスがある大手のA総合法律事務所のK弁護士にGYC社Nコーポレート室長が早速相談に出かけた。彼曰く、その際に先生から言われたことは、

「これはかつてGYP社が起こした太陽光発電の補助金不正受給と比較しても、比べ物にならないくらいの、メガトン級の会社の存立基盤を揺るがすような不祥事ですよ。至急関係者を集めて、集中的に対処しなければ、東京証券取引所の上場が維持出来なくなるかもしれませんよ。」

とお叱りにも近い言葉を受けたそうだ。驚いて我々は早速に対策会議を開き、これ以降苦しく、厳しい対処を進めることになる。

第2章

ライティング事業の成り立ち

バッテリー（蓄電池）メーカーが何故ライティング（照明）事業を手掛けているのか、疑問に思われる人もおられようかと思うが、この事業発祥の経緯は次のとおりである。

今から80年余り前の話である。太平洋戦争前、日中戦争のころである１９４０年に、ＧＹＣ社経営統合前の1社である日本電池株式会社が、かねてより依頼を受けていた日本海軍に対して超高圧水銀灯を開発し、納入したことからこの事業は始まった。

元来、蓄電池はいわゆる直流電源であるのに対して、我々が一般的に使用する電気は交流電源である。従って、電気を作り、それを一旦蓄電池に蓄える際には、交流を直流に変換する装置（コンバーター）が、また、蓄電池に蓄えられた電気を実際に使用する際には、直流を交流に変換する装置（インバーター）が、それぞれ必要となる。これらの装置を一般的には整流器（最近では電源装置、電源システムなどと呼んでいる）と称し、蓄電池メーカーはかねてよりこの整流器も並行して開発し、製造していた。当時の日本電池株式会社のケースでは、その社史によれば、電気を整流する際に水銀の入った管に電気を流すことにより変換する『ガラス製水銀整流器』を１９３１年より製造しており、整流する際にこの水銀の入ったガラス管が明るく輝くことを応用して、日本で初めて水銀ランプを開発したといわれている。

（日本電池１００年史より）

そして、このランプをベースにして、戦後になって、道路やトンネル灯、漁船に着ける集魚灯、野球場やテニスコートを照らすランプ（いわゆるカクテル光線）といった業界的には施設照明といわれる分野に事業を展開していった。

しかしながら、このライティング事業は、経営統合前でも日本で1位、2位を争っていた鉛蓄電池事業（経営統合により日本では断トツの1位、グローバルでも2位と言われた）とは異なり、日本でのシェアが数％の施設照明業界4位ないし5番手の弱小メーカーに過ぎず、利益面ではかねてよりかなり厳しい状況に置かれていた。また、経営統合前の株式会社ユアサコーポレーションには当該事業はなく、統合効果も全くなかった。

これに対して、後日談として判明したことだが（後で触れる「外部調査報告書」P．231～P．203を参照）、本社サイドが想像する以上に、事業サイドの危機感は強かったようだ。いわゆる事業の存続すら危ぶまれるのではないかと、過剰な思い込みを勝手にしてしまい、その結果、第一線の営業現場への過度な負担、挙句の果ての不正行為（架空循環取引）へとつながって行く。詳細は後程述べる。

第3章

経営統合と同事業の立ち位置

GYC社は2004年4月1日に発足した。日本国内における鉛蓄電池業界で首位を争う、日本電池株式会社と株式会社ユアサ　コーポレーションが1対1の対等の精神のもと、株式交換方式で持ち株会社を設立、上場していた旧2社の上場を廃止し、新たにその持ち株会社を東京証券取引所、大阪証券取引所のいずれも第1部に上場したのである。

単純に旧2社を合併させる選択肢もあるが、それであれば、どちらかが存続会社、どちらかが吸収会社となり、対等の精神とはならないという判断があったようだ。

こうした結果、発足当初の同年4月では、持ち株会社の傘下に旧2社を配置したものの、わずか2か月後の同年6月1日には旧2社のそれぞれの事業を切り分けて、個別に統合させた。これにより、シェアドサービス会社も含めて11社の子会社を持ち株会社の傘下に収めることとした（図2. 参照）。このような方式を採用した背景には、より早く旧両社の対立関係を脱し、統合効果、いわゆるシナジー効果の発出を期待したわけである。

但し、旧2社の中で共通しないいくつかの事業については、残された旧2社の中に置いたままとなっていた。その中の一つにこのライティング事業があったわけである。

経営統合の詳細な内容については、本論とは直接に関係がないので、これ以上は余り触れないこととするが、いずれにせよ、経営統合を行った電池・電源事業並びに管理部門であるシェアドサービス会社は、相当に厳しい経営統合前の旧両社間の交渉から始まり、事業の偏りや移

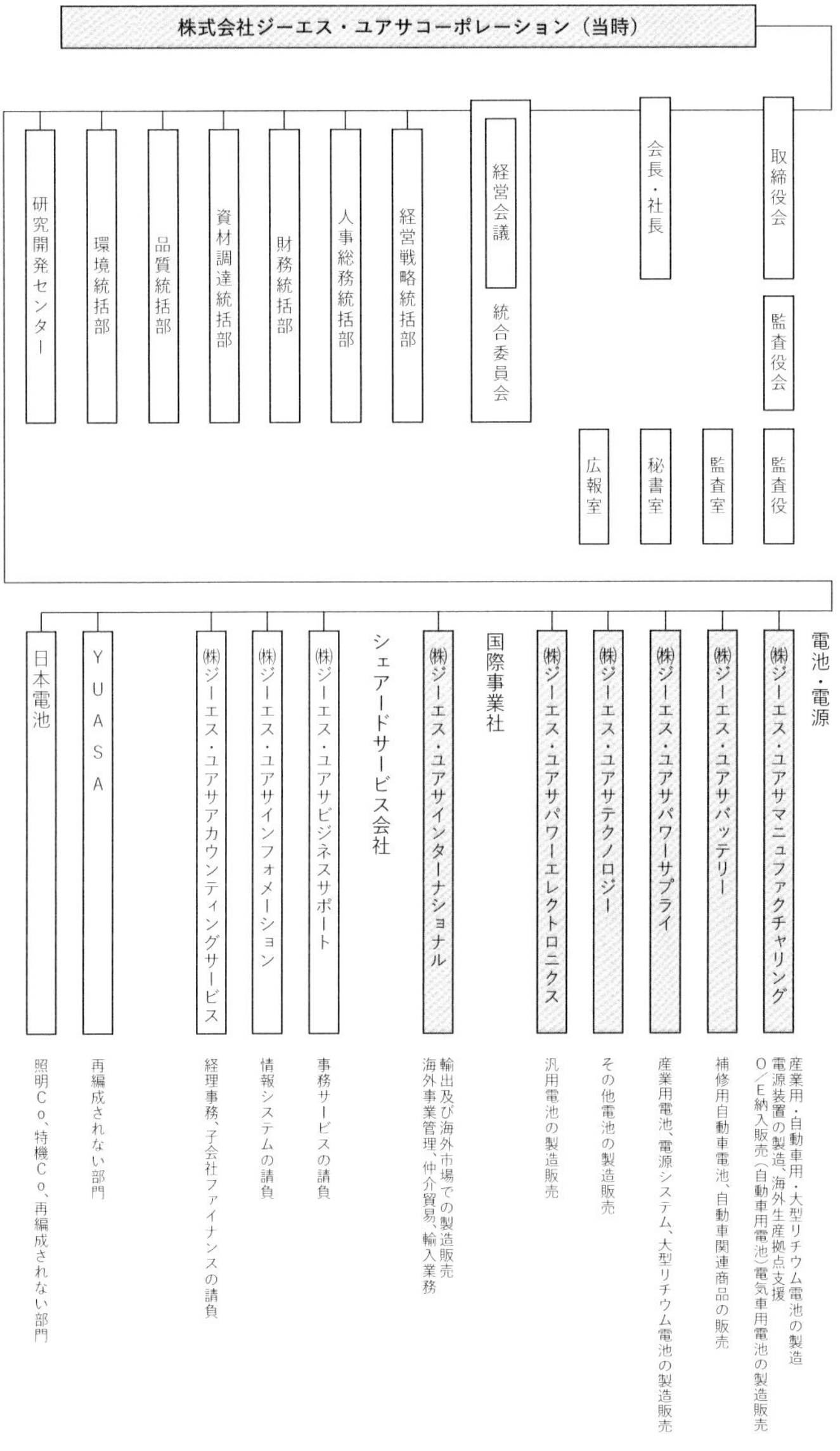

図2. 2004年6月1日組織図

転、様々なリストラクチュアリング等を行って、それなりの成果を上げてきたのに対して、経営統合を行わなかった、残された（旧両社に共通しない）事業は、会社の中で取り残されたような焦燥感のようなものがあったのではないか。下手をすれば主力事業ではないので、将来撤退対象の事業に位置付けられるのではないかという変な危機感が生まれ、それが今回の不正行為（架空循環取引）に走る、そしてマイナーな事業であるが故にそれを見逃すことにつながったのではないかと、後になって思われる。

他方、統合を経験している事業や管理部門から見ると、統合をしていない事業は、とりわけライティング事業のような伝統がありながら、長年ほとんど利益を出さないような事業は、従来の延長線上の発想から抜け出せないのではないかと、どうしても冷ややかに見てしまいがちであった。

いずれにせよ、今思うに、統合時のこうした状況をそれなりに分かっていながら、そのまま放置しておいたのはまずかったのではないか。すなわち、主力事業の鉛蓄電池事業、電源事業にはそれなりの「人」も「金」も投入して、また経営統合、事業統合というビジネスモデルの大転換を図ってきたのに対し、ライティング事業には経営のリソースも余りかけず、またテコ入れもせず、かといって抜本的なゲームチェンジを行うような手も講じずにそのまま放置し続けていたという事が実態だった。悔やまれてならない。

第4章

架空循環取引とは

会計学上の正確な定義については、専門書等の解説に委ねることにして、ここでは当社で発覚したライティング事業の千葉営業所における架空循環取引という不正会計とはどういうものであったのか、ということを記しておきたい。

架空循環取引とは、書いて字のごとく『架空』の取引を繰り返し、スパイラル的に『循環』させることにより生じるものである。これにより、実体のない架空の売上や売上利益が生じ、また売上が立つ以上、売掛金（売掛債権）も立つ。しかし、架空であっても売掛金がある以上、回収されなければならない。今回の架空循環取引の首謀者はライティング事業の千葉営業所長であったが、そこでこれを実行するためには外部の共謀者が必要となる。また、当社はメーカーであるが、当社の生産物でこれを行うと、かなりの人間が共謀する必要があり、事実上不可能である。そのため、他社製品を仕入れたものを販売する、いわゆる再販品が使われることになる。

話を少し前に戻すが、売掛金を回収するためには、当然のことながら外部の共謀者には支払うための資金が必要になる。そこでこの外部の共謀者は、また別の第三者に同じことを行おうとする。これを4〜5人が共謀して『架空取引』を行っていくわけであるが、一方通行の取引のままであれば、いずれ壁にぶち当たらざるを得なくなる。ではどうするかと言うと、最初に売ったところがそれを架空ではあるが、仕入れることにする。これで取引が『循環』したことになる（図3）。この中で、それぞれの共謀者も利益が欲しいので、当然に利益を上乗せして次々に売

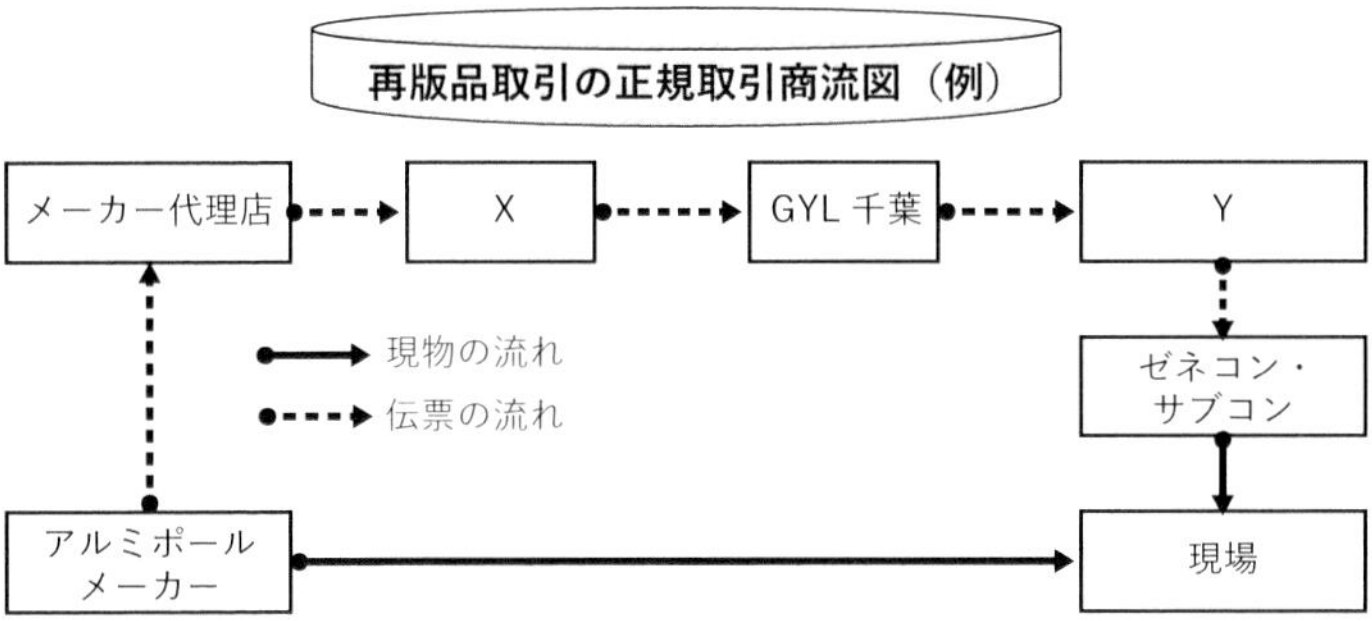

○現物がアルミポールメーカーから現場に、そしてゼネコン、サブコンが設置工事をする。
○GYL 千葉は、その仕入、販売にいくつかの当社代理店（X,Y）を経由して伝票だけで取引を実行する。

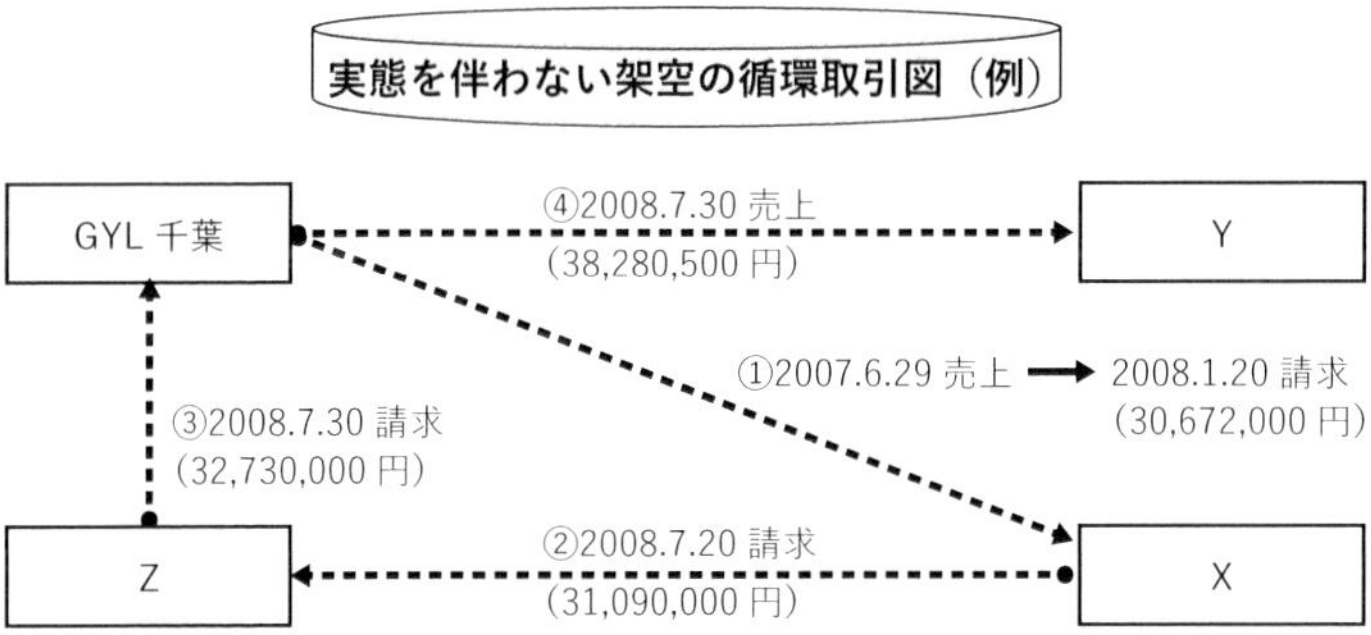

●①～③へと請求が、GYL➡X➡Z➡GYL と循環していることが分かる。
その際、請求額が少しづつ水増しされている。
そして更に④へと別の代理店 Y へと移り、これがまた別の形の循環へと拡大して行く。

図 3. 架空取引図

却していくために、『架空』の規模は膨らんで行く。尚、この『架空循環取引』には、再販品の現物を介するケースもあろうかと思うが、一般的には1回きりの取引ではなく、これを大掛かりに行うとすると、現物は介さずに伝票だけのやり取り、いわゆる『架空』取引の方が手っ取り早いと考えることになる。

ライティング事業の千葉営業所においては、施設照明分野の道路灯用のポール、つまり背の高い道路灯の鉄製やアルミ製の柱などを再販品として利用し、少なくとも判明しているだけでも6社の担当者、小企業であれば経営者自らが共謀し、この架空循環取引を行ったことになる。経営統合して以来の4年3ヵ月にわたる期間で、総額売上で約320億円、営業利益で約20億円、架空の売掛債権を処理した後の当期純利益で約70億円の規模となった。これら総額把握の経緯は後ほど述べる。

これだけの規模となると、この『循環』は、単純にただ一つのループではなく、相手を色々変え、6社の共謀会社を常に全て使うのではなく、様々なパターンがあった。そのため、回収や支払いもその決済日も含めて相当に複雑に実施しており、これらを解明するのにも骨が折れた。嫌味なことを言うようであるが、これを行うことは相当な知能犯であるとも考えられ、こんなことをするのであれば、もっと真っ当な業務にその能力を使って欲しかった。

第5章

千葉営業所での出来事

ライティング事業を営んでいるGYL社は2004年10月1日にその時既にGYC社の子会社となっていた日本電池株式会社の照明機器カンパニーを新設分割して出来た会社で、資本金90百万円、架空循環取引発覚直前の2008年3月期の年間売上高172億円、営業利益5億円、従業員数は143名の会社である。そして、営業拠点の一つである千葉営業所は、千葉勤務歴20年を超えるO営業所長（課長職）と、バックヤードを担当する事務員、この2名のGYP（GY）社員在籍出向者及び代理店から派遣されている社員1名、都合3名で業務を行っている小さな所帯の営業所である。

① 長年転勤をさせずにいたこと（余人をもって代え難い）

② 在籍出向者2名という状況（相互牽制が効かない）

この二点が、不正を引き起こす要因の一部になるのだが、これらについては改めて述べたい。

この千葉営業所は、1990年代の幕張メッセをはじめとした、一連の幕張プロジェクトにおける施設照明案件の大型受注でこの営業所長を中心に貢献をし、これがその後ずうっと継続していると考えられていた訳である。

ところが実際は違っていた。幕張のビッグプロジェクトが始まった当初は事実としてそれなりの施設照明案件の受注があり、何の問題もなかった訳であるが、時がたつにつれて受注案件がシュリンクしていく中で、従来規模の売上・利益規模を維持（いやむしろそれ以上の規模に拡大）するため、架空循環取引に手を染めたようである。

一度これを始めると、終わらせることは難しい。何故なら、実在する製品の取引を伴わない売上、利益の１件当たりの額はそれなりに大きく、途中でそれを止めるとなると数千万円、場合によれば億円単位の穴埋めを行う必要があり、とても個人で償うことは不可能となるからである。

更に、問題の発覚を避けるためには、前章で述べた通り、『架空』取引を繰り返し行うこと、即ち『循環』させることが必要となり、不正の規模がどんどん大きく膨らむことになる。

ここで一つ強調しておきたいことがある。冷静に考えれば、こうした架空循環取引は未来永劫続くはずはないということである。規模が膨らむことにより、いつかは誰かに気が付かれるのである。今回のように。

さて、主犯のO千葉営業所長がこれに手を染めた動機は、後でも述べるが、事業存続ということもあろうが、これを行うことにより、そこから生まれる『架空』の利益のいくらかを自分の手に残す（共謀者から利益をバックさせる）、いわゆる私腹を肥やすこともあったようだ。後で分かったことであるが、彼の私生活は相当派手であったようだ。

それでは、こうした不正が、他の拠点では行われず、何故千葉営業所に限って行われてしまったのか。そこには幾つかの理由なり要件、反省すべき課題があった。

まず第1に、千葉営業所はライティング事業単独の営業所であり、そのライティング事業には自社製造品だけではなく、灯具を取り付けるポールを他社から購入し、それを再販するという、GY社グループの他の事業にはない商売形態を有していたことである。しかもこのポールは社内に持ち込んで灯具に取り付けるのではなく、取り付け現場に直接持ち込まれる。そのため、受け入れ、引き渡しが見え難く、伝票上だけで仕入や売上を計上することが可能であった。

第2に、千葉営業所自体が小さな所帯であったためである。千葉営業所には代理店からの派遣社員は1名いたものの、当社の在籍社員は所長と事務職員の2名のみであった。こうした中で、このO営業所長が一人で問題の架空循環取引の伝票処理を行っていたのである。ちなみにもう一人の事務職員は、その後の社内調査委員会、外部調査委員会の事情聴取の中で、「こうした問題には薄々気づき、社内の自己申告制度（年1回定期的に行っているもの）で記載をしたことがあったが、本部に提出する前に、上長であるO営業所長が目を通し、書き直しをさせた。」と供述していた。尚、会社にはこの自己申告制度以外に社内内部通報制度もあるが、「上長が怖くて通報を躊躇った。」ようである。制度は整えられていたが、機能していなかったのである。

第3の問題点はローテーションが出来ていないことである。金融機関においては、聞くところによると、本人のキャリア形成もあろうが、不正や顧客との癒着を防止する意味も踏まえて、

2～3年で計画的ローテーションがきちんとなされていると聞く。メーカーであるGY社においても、5年を目途としてローテーションをかけていくことを行っていたが、例外も少なくなかった。そしてこのO千葉営業所長は、勿論管理職（課長職）であったが、担当（一般従業員）時代より20数年間千葉に在籍させたままであった。後で分かったことであるが、人事部の話によれば、以前他の支店ないしは営業所に転勤させる予定もあったようだ。しかし、それを聞きつけた取引先、代理店から引き続き彼を千葉に在籍させるよう嘆願がなされ、異動させることなくそのまま千葉に残していた。この嘆願が出ること自体、人事異動が社外に漏れていることであり、何かうさん臭さがある。その時人事異動が行われれば、後任者がその共犯者でない限り、もっと早く不正は暴かれていたはずである。残念でならない。

第4として挙げられるのは、営業所長の上司であるGYLの本社営業部長や事業責任者は一体どういう管理をしていたのか。このような不正行為に気付きはしていなかったのか、ということである。結論から先に言うと、その後の外部調査委員会では「シロ」の判定となったが、どんどんと膨らむ売掛債権額を見て、事業の肌感覚で問題があると感じなかったのか。結局はこのような鈍感にも程がある者を、重要なポジションに置いていた経営サイドの不明と言わざるを得ないのか。

そして、最後第5点目としては、監査の問題である。勿論、当社は東京証券取引所第1部上場企業（当時は大阪証券取引所も同様）であり、監査役監査や会計監査人監査も適正に行われており、また、監査室を設置し、それなりの人数をかけて内部監査や業務指導を行ってきた。更に、本件発覚の約3年前に発生した太陽光発電補助金不正受給事案[4]を受けて、その再発防止策の一つとして筆者が部門長をしている財務統括部に設けた業務指導グループによる業務の立ち入り検査もある。いずれの往査、監査、点検もこの不正事案を見抜けなかった。とりわけ、筆者が主管する業務指導グループは、本架空循環取引が発覚する約1年前に千葉営業所の現地に行き、直接業務を点検していたのに、である。不正を見抜く目をもっと磨かなければ、折角の組織も「絵に描いた餅」となってしまう。

注4：家庭用太陽光発電設備の促進を図るため、経済産業省が実施した補助金制度で、本来補助金を受給される一般家庭者が自ら申請すべきものを当社が代行して申請したもの。これにより、GY社及びその社員が補助金を着服したものではないが、コンプライアンス上問題がある。

第6章

発表までの対処

２００8年9月19日（金）の午後4時に、京都経済記者クラブにおいて、Y社長自らが記者会見に臨み、一連の事案内容を「当社子会社の不適切な取引について」というタイトルのニュースリリース（本文2頁、添付資料1頁、別紙2頁の構成）をもとに発表、謝罪会見を行った。これにはN執行役員広報室長も立ち会ったが、発表、説明、そして質疑応答の全てを社長が一人で担うこととなる。

（資料1参照）

他方、同日午前中に、U副社長とY総務統括部長及び小職の3名は、関係当局である東京証券取引所、経済産業省情報通信機器課へ報告に行った。午後に入り、U副社長を除く2名で関東財務局（さいたま副都心）に報告に行った。更に、財務担当であるM常務取締役は財務統括部担当部長及び総務課長を伴って、大阪証券取引所から始まって、一方のメインバンクであるI銀行の大阪本店営業部及び、もう一方のメインバンクであるB銀行京都支社を訪問し、報告を行った。そして、Y社長が記者会見を行っている同時刻（午後4時）には、京都において東京から戻ったU副社長が、また東京において東京駐在のS常務取締役が、それぞれ社内管理職説明会を行った。

本架空循環取引が発覚し、本格的な対応協議が始まった夏休み明けからわずか1か月程度であるが、その間、相当入念な準備をしてきたつもりである。こうした事案は、「事前に社外に漏洩し、マスコミが騒ぎ出す前に会社が自ら発表し、謝罪することが肝要である。」とのアドバイスを相談していた東京の大手総合法律事務所の弁護士から受けていた。要は、関係当局も含めて、社外に対して会社主導でいかに自浄能力を示せるかで今後の帰趨が決まるということである。

この章では、主として5つのポイントに分けて発表までに何を行ったかを記載する。但し、筆者が知る範囲の内容のものであり、全てが網羅されている訳ではない。特に、法務的な内容についてはほとんど触れられていないが、主要管理部門挙げての対応となったことは言うまでもない。

第1節　総額の把握

架空循環取引といういわゆる不正会計が行われたとして、それが一体どれくらいの規模なのか。そして、それが会社の財務諸表に与えるインパクトがどれほどのものなのか。これがはっきりしていないと対処の仕方が決められない。尚、会計監査人である監査法人サイドは、「財務諸表に著しい影響を与える」か否かで、対応を決めてくる。そのはっきりとした基準は事業会社サイドにはなかなか示してくれはしないが、概ね東京証券取引所の適時開示基準で示されている「売上高で1割」[5]「営業利益・経常利益及び親会社株式に帰属する当期純利益で3割」もしくは「純資産の1割」[6]のいずれかを超える場合であると考えられるが、これ以外にケース・バイ・ケースで事の重要性に鑑み判断が加えられるように感じられる。

注5：年間不正総額のケース
注6：年間損害額のケース

（資料3参照）

さて、本論に戻って、当社の今回のケースでは、先にも述べたように、売上高で320億円、（総額であり、年間ベースではないが）、営業利益で約20億円（売上と同様年額ベースではない）であるので、東京証券取引所の適時開示基準と比べただけでは、必ずしも「会社の財務諸表に著しく影響を及ぼす」ものには抵触しないといえるものの、架空債権を処理する特別損失約70億円の影響は「会社の財務諸表に著しく影響を及ぼす」ものとなる可能性があることは疑う余地もなかった。

資料3（V. の3）「当期業績への影響／本件取引による影響額」の「連結業績」の「影響額の累計」参照。

それでは、この額をいかにして特定していったかである。先ずは、国内主要グループ会社の経理・財務の業務を担うシェアドサービス会社である株式会社ジーエス・ユアサ　アカウンティングサービス（以下ＧＹＡＳ社）経理サポート部のベテラン中堅社員２名をすべての日常業務から解放して、この案件処理に専念させることとした。社外への情報漏洩リスク回避の観点で、まだまだ本件の詳細を部内に明かす訳にはいかなかったので、当の二人以外にはその理由を説明していない。おそらく皆は相当に不信、不満があったろうが、致し方のないと割り切っていた。丁度、９月１日が月曜日だったので調査方法を前の週に予め色々と検討した上で、２名を現地千葉営業所に出張させ、調査にあたらせた。「判明するまで帰ってくるな。」と言明した。今ならパワハラのように聞こえるかもしれないが、それだけ危機感が強かったと理解いただきたい。いずれにせよ、文字通り片道切符での出張、調査である。

結局、彼らは９月５日（金）までのわずか５日間で、経営統合した２００４年４月１日から直近の第１四半期決算期末までの４年３か月の間の架空循環取引の売上高と売上利益（営業利益インパクトも同じく変わらない）を推定してくれた。後に外部調査委員会が指定したＧ監査法人の不正会計を専門に処理するプロの公認会計士２名が１か月近くかけて精査した確定数字を売上高で20～30百万円（約０・１％）、売上利益で２～３百万円（約０・１％）の誤差があった程度の数字を早い段階で掴むことが出来たのは、これからの対処をする上でありがたかった。

勿論、筆者も彼らの報告数値を鵜呑みにした訳ではない。調査を始めた中日である3日目の水曜日夕刻に、自ら千葉営業所の現地に赴き、彼らが行う架空循環取引額の特定作業の仕方、またその根拠となる現地のバックヤードを担当していた事務職員からの説明を確認した上で、調査方法に問題がないと確信していたので、出てきた数字をほぼそのまま採用したのである。

尚、これには2つのエピソードがあり、今でも忘れることはない。

一つ目は、首謀者であるO営業所長は、事件が発覚した直後から千葉営業所から切り離し、東京支社勤務としていた。千葉にそのまま置いておくと、証拠を隠滅する恐れがあるからだ。従って、実態解明するには、バックヤードの事務職員の証言が重要であり、その者から実体のある取引とそうでない取引とでは、①営業コード（架空循環取引では、特定のコードを使う）、②金額規模（架空循環取引では金額が大きく、下3桁（1千円未満）が000円と切りがいい）、③注文先と納入先（一般的には同じであるはず）に違いがある、ということを教えられた。他方、これらの事情聴取をしている中で、バックヤードの事務職員からは、本架空循環取引に共謀者でないことは明白であるにもかかわらず、これらを止められなかったことについて涙ながらの謝罪もあり、その者の苦衷を痛いほど知らされた。その事務職員は先にも述べたように、自己申告書も営業所長に検閲されており、内部通報することもためらわれ、一種のマインドコントロールをされている状態のように感じられた。

二つ目は、9月5日（金）最終日の夕刻、東京で本事案のアドバイスをしてくれているA総合法律事務所において、5名の弁護士、そして当社のY社長以下本件の対応しているメンバーが集まった社内調査委員会を行った時のことである。その中で、筆者より総額調査の状況報告を行い、売上高及び売上利益インパクトの概算数値、並びに本日をもって現地調査を一旦終了させる旨を報告した。その際、財務担当役員であるM常務から「そんな簡単に数字が掴めるはずがない。軽はずみな発言はするな。」と叱責を受けた。事前に報告していなかった筆者も悪かったのであるが、そんな調整をしている時間も心の余裕もなかった状況であった。言い訳にしかならないのであるが。

ところで、調査をしてくれた二人であるが、彼らは、週末京都の本社へ戻り、翌週から決算訂正の準備や監査法人対応といった仕事を担うことになる。二人の本事案専任は対外発表するまで、まだまだ続くのである。

第2節　対外発表（謝罪会見）の準備

実態把握のための色々な調査を行うことと同時並行して、会社から世間（ステークホルダー）に対しての発表準備にも取りかかった。こういった不祥事は、万一会社から発表する前に外部に漏れて、マスコミが先に取り上げる（スクープされる）ことになると、問題が大きくなる。あくまでも会社主導で積極的に世間に公表し、原因究明や責任の所在、再発防止等を明らかにしなければならない。そういった意味でも、判明してから一刻でも早く発表したいところであるが、他方で、発表する以上、様々な質疑に対応出来なければ、問題を悪化させることにもなる。

我々は、弁護士が早い方が良いという観点で推奨する9月12日（金）の発表も考えたが、万全な準備を完了させる自信がなく、結局は1週間遅れの19日（金）16時に記者会見することを決めた。金曜日の夕刻にこだわったのは言うまでもない。姑息な考え方かもしれないが、株価へのインパクトを考えると、週末の取引所の場が閉まった後の方が良いと考えられるし、記事になるのが土曜日の朝刊であれば、会社の休業日であり、追加の質問を受けることはない（但し、金曜日の夜遅くまで広報室は記者対応に追われる可能性はあるが）。そういう意味で金曜日の夕方は最適のタイミングである。

記者会見で使用するニュースリリースは広報室が、またほぼ同様の内容であるが、東京証券取引所への適時開示資料は財務統括部がそれぞれ用意した。加えて、記者会見用のQ＆Aは、広報室が用意するのであるが、今回の記者会見が謝罪の会見となることもあり、当社としてはこれまでほとんど経験したことのないものである。従って、Q＆Aや会見のやり方、対応の仕方などについて、専門のアドバイザーと契約し、助言を得ながら進めることとした。そこで、A総合法律事務所の弁護士の伝手をたどって、元大手新聞社社会部長（元記者）出身の危機広報専門家のコンサルタントに全面的に協力を得ることにした。

とりわけ、我々が本案件に直面した時より少し前にはなるが、某食品メーカーが食中毒事件を起こした際、その会社の社長の不用意な発言からマスコミや世間から厳しい糾弾を受け、結局その会社が存続の危機にまで追い込まれるに至ったことがあった。こうしたことを踏まえて、細心の注意を払うことを心掛けた。

コンサルテーションを受けて色々と参考になったことがある。

第1に「身だしなみ」である。派手なスーツやネクタイは避け、ダークスーツに紺色系のネクタイを着用すること。また、時計や眼鏡もキラキラ光るタイプのものは控えて、大人しいものを選ばなければならない。見た目だけで反省していないと疑われないようにしないといけない。こうした視点で他社の不祥事がらみの記者会見の様子をテレビで観ると、概ね同様の身だしなみとなっていることが理解できる。

第2に、冒頭、社長よりお詫びの言葉が発せられた直後の「一礼（お辞儀）の仕方」にも注意が必要だということである。仮に同席者[7]がいる場合、社長より早く頭を上げてしまうと、印象が悪くなり、これまた反省していないのではないかと疑われることになるそうだ。

注7：同席者については、「謝罪会見の檀上（ひな壇）に立つのはなるべく少数に絞り込む。可能な限りトップ（責任者）が受け答えをするのが鉄則である。」とのアドバイスもあった。

このようなことは必ずしも本質的なことではなく、形式的なことではないかと思うが、これまで数多くある会社の謝罪会見で、往々にして後からトラブルを起こすことになるようだ。

第3に、発言内容、特に「質問に対する回答」は、推測や仮定は決して置かず、事実だけを端的に答えること。また、発言の矛盾を突くために、記者は同じ質問を繰り返し行うことが良くある。そのためにも、無駄なことは一切述べないようにしなければならないが、一方で、誠意をもって受け答えをしている印象を与えるように努めなければならないことは言うまでもない。

何故こうした留意をしなければならないのか。企業が日常接点を持つマスコミ関係の記者は、いわゆる経済部に所属する人達である。勿論、彼らはスクープネタを拾うために日々努力している。また、対象会社の経営幹部に「夜討ち朝駆け」もいとわない。しかし、彼らは一定の配慮を取材対象にしてくれる。これに対して、謝罪会見の場には、経済部記者だけではなく、社会部の記者も多く詰めかけて来る。彼らは、経済部記者とは異なり、遠慮もなく、彼ら特有のロジック、社会的正義をベースに切り込んでくるケースも多いのである。そのため、質問内容も突き上げ口調のものとなり、それに対する回答をする会社側がしどろもどろになると、これまた印象が悪い。

この説の最後に、対外発表を行った9月19日前日の18日の午後、東京のA総合法律事務所で発表の段取り及びそれ以降の To do list の再確認を行っていたので、参考までにその骨子に触れておく。具体的には、

① プレスリリースの文案、数字の確認
② Q＆A、記者会見の段取りの確認
③ その後必要となる作業及び対応として、
・株主、取引先、マスコミ、消費者等からの問い合わせに対する対応
・監督官公庁への事情説明
・主要取引先への事情説明
・SESC（証券取引等監視委員会）への対応

・会計上の影響額の確定、監査法人との意見調整
・本案件の事実関係及び法律関係の確定作業（関係者へのインタビューを含む）
・訂正報告書等[8]の作成
④ 今後発足させる外部調査委員会の活動内容

について、メンバーの概ねなる意思統一が図られた。

注8：関東財務局へ提出する「有価証券報告書」「四半期報告書」に記載ミスがあった場合に提出する書類

第3節　関係当局との調整

今回のこのような架空循環取引といったいわゆる不正会計は、間違いなく財務諸表の虚偽記載に当たるものであり、証券取引所上場会社であれば、金融商品取引法に基づいた「有価証券報告書」「四半期報告書」の訂正、証券取引所の適時開示規則に基づいて四半期ごとに提出する「決算短信」の訂正が求められてくる。当社の場合、前者を監督するのは金融庁関東財務局であり、後者は東京証券取引所、大阪証券取引所（現在は東京証券取引所と合併した）である。

これに加えて、電気機器製造業である当社は、日頃の事業遂行に際して何かと連携をとっている経済産業省情報通信機器課[9]へも説明しない訳にはいかない。

注9：蓄電池分野は、経済産業省の外局であるNEDO（国立研究開発法人新エネルギー・産業技術開発機構）からの補助金受給を受けるケースがある。

そこで、これら関係当局には、発表当日の9月19日に社内の本案件対応メンバーが手分けして報告に行くことにした。特に、関東財務局と両証券取引所へは、「コトがコト」だけに事前相談をしておく必要があった。先ず、関東財務局へは日頃から当社を担当してくれている担当官に筆者より直接電話を入れ、概略の説明をしたところ、「当日に来所して詳細な内容を聞かせてくれるだけで良い。」との回答であった。

一方、大阪証券取引所は「東京証券取引所はどういう指導をされているか。その指導に準じた形で当所にも進めて欲しい。」との回答であった。要するに、ポイントは東京証券取引所ということになる。そこで、これまた筆者自ら、日頃当社を担当してくれている上場部の担当官に電話をし、概略の話をしたところ、「このような重大な案件は、上場部が担当するのではなく、上場管理部に特別管理グループがあり、そこが担当することになるので、その担当官を紹介する。」ということになった。俄然緊張感が増してきた。そこで、紹介された上場管理部特別管理グループの審査役と、9月19日の東京証券取引所への適時開示までの段取りを詰めて行った。尚、彼にはその後の「決算短信の訂正」、「東京証券取引所からの当社への処分」、当社が作成した「改善報告書」等のやり取り、そして、最終的には「改善状況報告書に基づいた改善内容の東京証券取引所による実行監査」等、最後まで色々指導していただくことになり、大変お世話になった。

尚、ここで今後に影響を及ぼす重要なポイントがあった。それは、決算の訂正をいつまで遡る必要があるかである。架空循環取引が始まったのは、当事者からの事情聴取によれば、2002年〜3年頃ということではあるが、始まったその日が確定しない。また証言ではそうであったとしても、それを証明するエビデンスもはっきりしないし、そもそも論として本当にそうなのか、もっと以前から行われていなかったのか。そのような昔のことを調査するにしても時間的制約もあり、極めて難しいと考えていたからである。東京証券取引所に相談したところ、「経営統合前の旧両社は既に上場廃止しており、もはや取引所としては対象外と考えている。訂正が必要なのは、経営統合した2004年4月以降、2008年6月期（第1四半期）までの通期、四半期の決算数値で良い。」との回答を得た。これで4年3ヵ月の期間の架空循環取引の売上高及び売上利益に絞り込むことが出来た。尚、それ以前の架空循環取引の利益相当分は債権債務の訂正の中に織り込まれることになるので、会計上は問題ないはずである。

第4節　社内調査委員会

問題が発覚してから直ぐにこれまで我々が経験したことのないような、やらなければならない（Mustな）事柄が大量に出て来た訳であるが、これらを当該事業部門であるライティング事業や関係する本社管理部門がてんでばらばらに対応していた訳ではない。

その中核を担う組織体として社内調査委員会を立ち上げた。「コト」は極秘に進めなければならない関係上、当初のメンバーは少数に絞り込んだ。9月19日の対外発表までは、この少数メンバーを中心に主たることは決め、パーツ毎にそれに適した社員をこれとは別にアテンドして行った。具体的な社内調査委員会のメンバーは、Y社長、U副社長、財務担当役員（ライティング事業担当役員でもある）のM常務取締役、N広報室長、H総務統括部長、財務統括部長である筆者、そしてライティング事業子会社GYL社R専務取締役（本社では部長級）の計7名である。そしてアドバイザーとして東京のA総合法律事務所の弁護士5～6名が参画した。

発足してから対外発表までわずか1か月程度しかなかったが、それら総勢十数名程度の限られたメンバーで、都合10回余り（ピーク時には週3回の東京出張をこなした）の進捗会議の場を持ち、その間に手分けしてやらなければならないことを行った。具体的には、既に述べたことでもあるが、不正額の規模把握や発表の記者会見準備以外にも、首謀者であるO千葉営業所長の千葉からの隔離もあった。これは身柄を拘束する意味ではなく、勤務地を変えて東京にデスクを与え、証拠隠滅を図らせない措置である。当然のことながら、本人の了解の上であり、人権上の配慮は十分に行った上でのことである。また、対外発表後は、マスコミ等が彼に接触してくることを遮断することも想定して、必要に応じて自宅以外の宿泊場所の確保もしていた。

第5節　関係者への事情聴取

架空循環取引が何故行われるようになったのか。また、どういった手口で行われたのか。首謀者以外に社内に共謀者はいないのか。などなど、対外発表時の社長記者会見の質疑でも当然聞かれることが予想される。これに備えるためにも、予め実態解明をきちんとしておく必要があった。

当初は首謀者であるO千葉営業所長やアシスタントである千葉の担当者へのヒアリングをGYL社のR常務取締役を中心に行わせていたが、ヒアリングの対象範囲が共謀していると推測される代理店関係者等に拡大するに従って、素人である当社関係者がヒアリングするのではなく、事情聴取をするプロに任すべきだと判断し、A総合法律事務所にお願いした。事務所は所属する弁護士の中から元検事（いわゆるヤメ検）を複数名選び、手際良く任意の事情聴取をしてくれた。彼らは一つ一つの聴取毎に詳しい聴取メモを作成し、社内調査委員会で報告してくれた。さすがに法律家らしい文章であったことを記憶している。また、彼らは対外発表後に立ち上げた外部調査委員会にも参画し、事情聴取を継続して、最終的な「外部調査委員会報告書」に記載のとおり、その実態解明に貢献してくれた。

尚、この事情聴取の詳しい内容は「外部調査委員会報告書」を参照願いたい。

（資料2参照）

第7章

謝罪記者会見とその後の対処

第1節　対外発表(Xデー)

２００８年9月19日(金)、我々がこれまで「Xデー」と称していた架空循環取引に関する対外発表を行う日がやって来た。役割分担に基づき、筆者は京都で行われた記者会見ではなく、東京における関係当局への報告、説明のために、朝早くに京都から新幹線で移動した。東京駅でU副社長、Y総務統括部長と合流し、会社の東京支社役員車クラウンにて先ずは東京証券取引所へ向かった。アポイントは10時に取っていた。相手は、前章で記した上場部と上場管理部に対してである。東京証券取引所からは、近い将来当社が提出するであろう「決算短信の訂正」及び「社外調査委員会報告書」を受け取った上で、それを精査し、改めて会社に対する処分内容を決める旨を申し渡された。尚、処分内容には5段階あって、一番重いもので「上場廃止」(その前に「監理ポスト」入りとなる)、軽いものでも「課徴金」[10]、「改善報告書提出命令」ということになる。我々は、一番軽い処分である「改善報告書提出」命令が下されるべく、最大の努力を行っていくことになる。

注10：GYC社としては、原因究明をしっかりし、再発防止策をきちんと立てることを主眼に置いていたので、「改善報告書」はいずれにしてもまとめるつもりであり、お金で済ます形となる「課徴金」を課される発想はなかった。

続いて11時、永田町にある経済産業省情報通信機器課の課長を訪ねた。勿論アポイントだけは取っておいた。この課長から発せられた言葉は非常に厳しいものであった。即ち、「ＧＳユアサともあろう会社がつまらないことをやったものですね。」という一言である。重要な産業政策を担う上級官僚からすれば、貴重な時間を無駄にしたということか。もしくは、当社とはもっと前向きな話をしたかったのか。いずれにせよ、おっしゃる通りで、申し訳ない気持ちで身がすくむ思いをした。

次に、昼食をはさんでさいたま新都心にある関東財務局を訪ねた。事情を説明した上で、当方より、「有価証券報告書」「四半期報告書」の訂正は、「２００４年4月の経営統合以降の4年3か月としたい」と申し入れたところ、意外にもあっさりと「それで結構」という回答であった。関東財務局からの直接の処分はないようであるが、有価証券の虚偽記載でもあり、その規模も大きいので、証券取引等監視委員会（ＳＥＳＣ）の調査結果次第で処分や責任追及がなされることになると推察された。

一連の当局への事情報告を終えた後、筆者は当時東京芝公園にあった東京支社オフィスに戻り、東京地区在勤の社内管理職説明会に臨んだ。説明者は東京支社長を兼ねるＳ常務取締役が担い、筆者とＨ総務統括部長は彼を支援する立場で、彼の横に座った。

兎にも角にも「Ｘデー」、長い一日が波乱含みのまま無事終了した。

対外発表翌日の主要新聞記事

2008. 9. 20
京都新聞（30）

ＧＳユアサ

子会社が循環取引
年70－80億円、架空売上高

連結子会社の不正取引について説明するジーエス・ユアサコーポレーションの依田誠社長（京都市中京区・京都商工会議所）

自動車用蓄電池大手のジーエス・ユアサコーポレーション（京都市南区）は十九日、照明製造販売事業子会社ジーエス・ユアサライティングの千葉営業所（千葉市）で、元所長（58）が複数の取引先との間に受発注があったように見せかける「循環取引」を行い、年七十－八十億円の架空売上高を計上していたと発表した。

ジーエス・ユアサによると、元所長は二〇〇四年四月から〇八年七月まで複数の取引先との間で公園や道路に設置する照明用支柱などの架空の売買を繰り返し、売上高を水増ししていたという。

ライティング社の〇八年三月期の売上高は百七十二億九千九百万円、当期利益は四億三百万円。このうち千葉営業所の売上高は年七十－八十億円を占め、同営業所の売上高はほとんどが架空のうえ、利益も過大だった可能性がある。今年八月末現在、回収できない恐れがある売上債権は七十五億円に上る。元所長は「売り上げを膨らませるためやった」と話しているという。

ジーエス・ユアサは同日、弁護士らの外部調査委員会を設置した。一カ月後をめどに調査結果をまとめ、過年度決算の訂正や関係者の処分を行う。

京都商工会議所（京都市中京区）で記者会見した依田誠社長は「伝票や帳簿はきちんとそろっていたため不正を見抜けなかった。関係者に深くおわび申し上げる」と陳謝した。

2008. 9. 20
サンケイ新聞（8）

ＧＳユアサ子会社「循環取引」
架空売り上げ300億円

ジーエス・ユアサコーポレーション（ＧＳユアサ）は19日、照明器製造・販売の連結子会社「ジーエス・ユアサライティング」（ＧＹＬ）が、複数の企業と帳簿上だけで商品の売買を繰り返す「循環取引」を行っていた、と発表した。少なくとも今年7月までの4年4カ月で300億円強の架空売り上げを計上していたとみられる。

ＧＳユアサは外部調査委員会を設置し、詳細な手口や正確な水増し額などについて調べる。今後、決算訂正する可能性が高い。

これまでの社内調査によると、ＧＹＬ千葉営業所の元所長が平成16年4月から今年7月までの間、架空の発注書を使って街灯のポールなどの販売や仕入れを行っているように見せかけ、年間70億～80億円の売り上げを水増ししていたという。8月末時点でＧＹＬの売上債権残高のうち、最大で75億円が回収できない恐れがあるという。同社の20年3月期の売上高は172億円。

2008. 9. 20
毎日新聞（26）

GSユアサ子会社

75億円回収困難

千葉営業所長 架空循環取引

施設照明器具製造・販売「ジーエス・ユアサライティング」（GYL、前野秀行社長、京都市南区）千葉営業所（千葉市中央区）の所長(58)＝19日付で総務部＝が複数の取引先との間で、商品を売買したように装う架空循環取引を繰り返し、約75億円が回収困難になっていることが分かった。親会社の自動車バッテリー国内最大手「ジーエス・ユアサコーポレーション」（GSユアサ、京都市）が19日発表した。

同社は弁護士などからなる外部調査委員会を設置。元所長が個人的に利益を得ていないかを含め、架空取引の全容解明を図る。

GSユアサによると、架空取引に使われたのは、主に照明器具に用いるアルミ製ポール。04年に設立されたGYLの各年度の売上高は153億～175億円で、元所長を含め社員3人の千葉営業所が約半分を稼ぎ出した計算になっていた。ほとんどが架空取引によるる売り上げとみられる。7月下旬、営業所の売掛債権の代金回収が遅れていると社内で指摘があり、元所長は内部調査に「売り上げをよくするためにやった」と循環取引を認めたという。

記者会見したGSユアサの依田誠社長は「多大な迷惑をかけ、深くおわびします」と陳謝した。【大西康裕】

子会社での循環取引判明

GSユアサ

ジーエス・ユアサコーポレーションは十九日、照明機器子会社ジーエス・ユアサライティング（京都市）の千葉営業所元所長が伝票上で売買したように見せかける循環取引をしていたことが判明したと発表した。約七十五億円の売上債権が回収不能になる恐れがあるという。

社内調査で、元所長は二〇〇四年四月から〇八年七月まで取引先四、五社との間で実際には商品を動かさずに売り上げや仕入れを計上する循環取引をしていたことが分かった。同日付で弁護士などで構成する外部調査委員会を設置。今後、調査結果や業績への影響を公表する。

2008. 9. 20
日本経済新聞（13）

2008. 9. 20
朝日新聞（12）

■循環取引75億円水増し

電池大手のジーエス・ユアサコーポレーションは19日、子会社のジーエス・ユアサライティングの千葉営業所で実際の取引がない「循環取引」で売り上げを水増しする不正な会計処理があったと発表した。この営業所の8月末の未回収の売上債権残高のうち、約75億円が循環取引によるものという。

今年7月に社内で千葉営業所の売掛金の回収が遅れているとの指摘があり、調査で発覚した。少なくとも04年4月から08年7月まで、照明器具を取り付ける柱などを仕入れて販売したとするうその取引を繰り返し、売り上げに計上していたという。ジーエス・ユアサライティングは照明器具などを販売しており、売上高は年150億～160億円。半分が千葉営業所の売り上げで、同営業所では所長と女性職員2人で仕事をしていたという。

第2節　外部調査委員会の立ち上げ

２００８年9月19日(金)に対外発表を行った「当社子会社の不適切な取引について」のニュースリリース(**資料1**)にも記載した通り、「①本件取引の迅速な解明、②当社の業績に及ぼす影響、③経営責任、④関係者の処分を含む再発防止策の策定につき的確な提言を受けることなどを目的として、」即日「公正かつ中立的な立場の弁護士および公認会計士からなる外部調査委員会を設置」した。メンバーは、ニュースリリースに記載の通り、

「委員長　町田幸雄　西村あさひ法律事務所弁護士
委員　小泉淑子　同事務所弁護士
霞　晴久　新日本有限責任監査法人公認会計士」

の以上3氏である。そしてこれら委員の下に、Y社長以下当社関係者(財務統括部長である筆者も含む)、A総合法律事務所の検事出身者を中心とする5名程度の中堅、若手弁護士(案件により同じ事務所の別の弁護士も追加で参加するケースもあった)、S監査法人の不正会計調査に明るい2名の公認会計士らが、色々な分析、証拠集め、事情聴取、対外折衝等を行った。

第1回の外部調査委員会は9月26日(金)に行った。冒頭、町田委員長より、本委員会の目的を改めて告げられた。そして、その後、それぞれのパート毎に分けて、これまでの状況や今後の

進め方について説明がなされた。外部調査委員会のキックオフは当日であったが、既に、社内調査委員会の段階から、この外部調査委員会を立ち上げることを前提にして、様々な準備や行動を行っていたため、特に違和感もなく進めることが出来たのではないかと思う。

先ず、元検事の弁護士からは、誰から事情聴取をするか、そのターゲットの報告があった。そして、その上で、元営業所長の動機が個人的利得のためであるのではないかということを解明すること、更に、彼の上司（二人[11]）の関与の有無を質して行き、彼らが具体的解決策を取っていないことによる監督責任や調査義務を怠るという「子会社としての善管注意義務違反」が問われるのかどうかを確認していく、ということであった。加えて、有価証券虚偽記載罪が問われるかどうかもあった。これについては、財務当局者（筆者が第一の責任者となる）、または有価証券報告作成者（最終的にはY社長を意味する）がこの架空循環取引の事実を知っていた、もしくは指示してはいないか、ということである。あるいは、指示してはいなくても、そのことに気づいていたのではないか、という疑問に対する調べである。言い訳がましくなるがこれについては、我々は全く気付かず、また指示もしていないのであるから、当然否定されていくものである。

注11：先に記載した、ＧＹＬ社の前社長と、元営業部長を意味する。

続いて、公認会計士側から架空循環取引の全容把握作業の状況報告がなされた。予め9月初旬に当社経理の調査で大筋は掴んでいたが、正式な外部調査委員会報告書や決算の訂正報告への反映のためには、本件についての会計監査人監査にも耐え得る客観性・正確性が必要となる。そのため、第三者である2名の公認会計士が、O千葉営業所長が出した本架空循環取引と思われる指示書と経理データの突合を1件1件行ってゆく訳であるが、仮に1件3百万円としても1万件前後の件数になろうかという数量の多さもあり、遅々として進んでいない様であった（この時点では半分程度）。これが完了しないと、会社の決算の訂正作業が始められず、11月14日（金）に予定している第2四半期決算の開示が間に合わなくなるリスクも生じる。尚、外部調査委員会の霞委員から、「グレーのものを白にすべきではない。」「純資産に対する損益インパクトが71億円規模（会社の試算値）なら、監理銘柄入りのリスクもある。」との指摘を受けた。会社側メンバーに一瞬緊張が走った。

最後に、「再発防止策の進め方」についての議論となった。先ずは、会社側から案を作成し、委員会で「それで十分か。不足はないか。」を確認する。また、この再発防止策の中に、「原因の究明」、「何故発見出来なかったのか」を織り込むこと。そして、同様の不正がないかのチェックを行い、他にはないという証明を行うこと。更に、会計監査人にも、どの程度の調査、防止策が必要なのかを確認すること。以上の指示がなされた。いずれにせよ、会社に主体的に考えさせ、自発的に改善を進めていくことを促されていることを感じた。

これを皮切りに、10月31日に「外部調査委員会報告書」を当社が受理したことを開示したその日までの1か月余りの間に、この外部調査委員会は、都合6回開催され、同報告書をまとめ上げていくことになった。残り5回の各々の委員会の内容は割愛する。また、11月7日に東京証券取引所から「改善報告書提出命令」の処分を受けた後にも、同調査委員会は行われた。

第3節　決算数値の訂正作業

先にも述べたように、本案件が発覚した直後の9月1日（月）から5日間、経理のベテラン、中堅社員2名を現地千葉営業所に詰めさせて、架空循環取引の規模がどれ位なのかの実態把握に当たってもらい、売上高で概ね320億円、売上利益で約20億円という数字を掴んだが、相当程度に高い精度がある自信はあるものの、会計監査を含めて第3者の確認も取れていない状況であった。

これらの正式な確認作業は、別途この道のプロにしっかりと実施してもらうとして、これと並行して実態把握をした経理マン2名を含めてＧＹＡＳ社経理グループメンバー全員（とは言ってもグループマネージャーを含めても10名に満たない少人数である）で、4年3か月に及ぶ決算の訂正作業に入った。対外発表が9月19日（金）であるので、翌週月曜日の9月22日からのスタートとなる（9月19日の発表まで経理のメンバーには架空循環取引のことは知らせていなかった）。

全ての作業は、11月14日（金）に予定している第2四半期決算発表[12]までに終えなければならない。何故ならば、これより遅れることは、東京証券取引所が定める「45日のルール」を守れないことになり、監理ポスト入りを余儀なくされるからである。

注12：通常であれば当社はもう1週間程度早く決算発表をしているが、東京証券取引所の「45日ルール」ぎりぎりの稼働日に今回はセットした。尚、この「45日ルール」は上場企業の決算発表の早期化を促すために決算を締めてから暦日45日以内に決算内容の開示（発表）を求めるものである。

更に、ここでもう一つ問題点が生じて来た。11月14日に第2四半期決算の発表を行う訳であるが、それを行うには、その前に既に前期末（3月末）及び、前四半期末（6月末）の貸借対照表を確定させていないと決算は出来ない。ということは、過年度の訂正は、それらの会計監査を含めて十分に第2四半期決算を行える前のタイミングで確定し、証券取引所並びに関東財務局に決算短信の訂正、訂正有価証券報告書、訂正四半期報告書（会計監査人の監査・レビュー報告書を添付したもの）を提出しておかなければならない。

そこで、これらの提出、開示する日を第2四半期決算発表の1週間前の11月7日（金）にセットした。しかし、その前に十分に会計監査してもらわなければならない。また、「外部調査委員会報告書」を開示するタイミングが10月31日（金）であり、そこまでには最悪でも訂正数字は固まっていなければならない。

9月22日からおよそ1か月間、加えて10月の第2四半期決算という大きな仕事を抱えて、経理グループのメンバー全員が奮闘してくれたことに改めて敬意を表する。皆は「経理としての矜持」をもってことに当たってくれたと回想する。

尚、決算の訂正を行うことは、損益計算書、貸借対照表の数字を正しく訂正することだけではない。決算短信や、有価証券報告書、四半期報告書の文章も含めて、新旧対照させて記載しなければならず、相当にボリュームのある訂正作業となった。ちなみに、A4サイズのペーパーで積み上げると、約5センチメートル、ペーパー枚数で換算すると、約350枚（大半が両面印刷であるので実質は700ページ近いもの）であった。

（図4．決算スケジュールの違い参照）

〈架空循環取引対応の決算スケジュール〉

9 月30日　期末

10月 1 日

通常通りの
決算を行う

プラスαの業務として
決算数字の訂正準備を
並行して行う

10月28日　外部調査委員会報告書受領

→　架空循環取引額最終確定・データ取込

29日　過去4年3ヶ月分の決算数字の訂正

（約700ページ）

11月 7 日　過去の決算短信の訂正、訂正報告書の届出

8 日　当該期の連結決算数値の確定

決算短信・四半期報告書等の作成開始

14日　取締役会　→　決算発表

図 4. 決算スケジュールの違い

決算スケジュールの違い

〈通常の決算スケジュール〉

(X) 月30日　期末

(X＋1) 月1日　個別 (単体) 決算業務開始

15日　個別 (単体) 決算業務修了

16日　連結決算データ取込開始

20日　グループ会社全社のデータ取込

→　第1回目の連結決算数値アウトプット

2

3

⋮

30日　連結決算数値の確定

決算短信・四半期報告書等作成開始

(X＋2) 月7日　取締役会　→　決算発表

第4節　債権債務の停止と訴訟

どこの大手企業も同じであろうが、当社グループも親子会社間で、銀行のキャッシュマネジメントシステムを活用し、そしてグループファイナンス[13]を行っていた。更に、子会社のグループ外から頂戴した受取手形は、流動化（銀行の持つ特定目的会社《ＳＰＣ》に売却すること）をしている。他方でグループ外へお支払する支払手形は、これまた銀行系のファクター会社に支払代行[14]（会計上は未払金となる）をお願いしている。

注13：グループの各会社で別々の資金調達（借入）や資金運用（預金）していたものを、グループでまとめて実施することにより効率化すること。これによりグループ内で余剰資金を有する会社の資金を、資金が不足している会社に回すことに繋がり、結果としてグループ全体の外部からの借入を減らすことができるもの。

注14：支払手形の発行や支払処理は大変手間のかかる作業となる。これらの業務の軽減を図るため債務を決済代行業者（ファクター会社）に移管し、当該会社に代わって支払い業務を行って貰う仕組みの事。

ここで一つ大きな問題が生じてくる。これらのスキームは、受取手形にしても、支払手形にしても、いずれも適正な取引を前提としたものであり、本事案のような不適正な取引に由来す

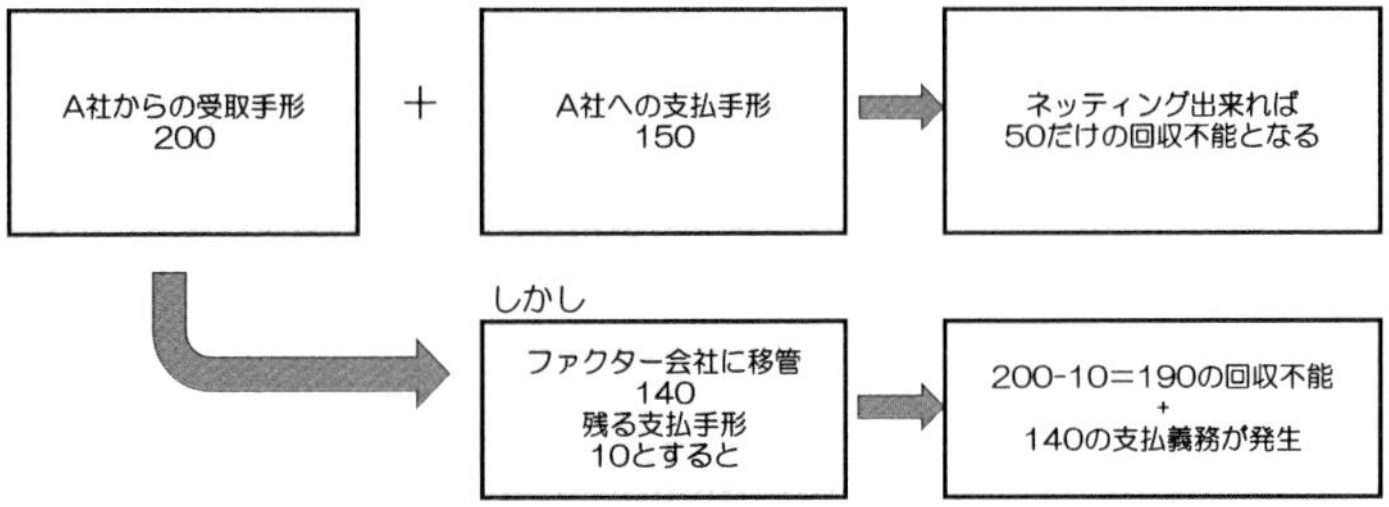

図5. 債権債務の処理イメージ

る両手形は、買い戻しもしくは引き戻しをして、会社所有に一旦置き換えなければならないことになった。

先ず、前者の受取手形については、買い戻しのために当然資金が必要になる。ありがたいことにこの資金はメインバンク2行が対応してくれた。他方、問題は後者の支払手形のファクタリングである。引き戻すために、既に手続きしていた架空循環取引先への支払代行業務をファクター会社にストップをかけようとしたのであるが、こうしたことに思い至るのが数日遅れ、結局、支払い手続きが完了してしまっており、かなりのものを引き戻すことが出来なかった。

この結果、架空循環取引に伴う受取手形の大半は残り、支払手形は支払代行に回す前の一部しか残らない状況となってしまった。（図5．参照）我々はこれを前提に会社の損失の縮小を考えなければならなかった。そのため、残っていた約5億円の買掛金・支払手形に関して、同じ宛先の架空循環取引の相手先支払手形（当社からすれば受取手形）と相殺消去すべく、支払い停止措置を行った。

勿論、相手先には事前通知した上で実施してはいるが、当然のことながら、相手先は「善意の第三者である（不正な取引は知らなかった）」という主張のもとに、支払い請求の民事訴訟が行われた。我々もこうなることを予想して、その訴訟対応は本案件のアドバイスを受けているＡ総合法律事務所とは別の債権債務関係の訴訟に強い法律事務所に弁護をお願いすることにした。

この訴訟は、その後数年に及び、高等裁判所へも上告までしたものの、当社の主張はほとんど認められず、相殺した額の大半の支払い命令が下され、後日追加の支払い処理、損失計上を余儀なくされたと記憶している。

第5節　銀行との借入契約

一般的に企業はその事業運営を行うに当たり資金が必要であり、銀行を中心とする金融機関からそれを調達する。これを間接金融と言うが、とりわけ日本の企業はこれに頼ることが多い。当社においても、当時連結ベースで９００億円前後の借入金があった。海外のグループ企業が調達している借入金を除いても、６００億円程度を日本国内で借入しており、これらは全てGYC社名義で借入れた後、GYAS社を経由し、国内のグループ各社に配分（グループファイナンス）していた。要は国内借入は一括してGYC社が引き受けていたのである。

また、銀行取引上、短期借入枠[15]というものを予め設定しておき、短期に必要な資金は一定のルールに基づいて、いつでも企業は銀行から調達出来る形にしている。更に、これの一種の変型版であるが、コミットメントライン[16]という枠の契約をメインバンク２行にアレンジしてもらって、親密取引銀行10行程度と契約を交わしていた。これら短期借入枠は、会社の危急の時に備える意味もあるので、余裕をもって設定してもらっており、当時コミットメントライン枠２００億円も含めて都合１０００億円程度あった。

注15：一般的に1年以内に銀行に返済しなければならない借入金のことを短期借入金という。事業会社は予め取引銀行と短期借入を実行する範囲を取り決めており、それを短期借入枠という。銀行は健全な事業会社にはより多くの融資をしたいと考える一方で事業会社に不安が生じると枠を絞る事があり、事業会社の資金繰りに不安が生じる。事業会社にとっては、不測の事態に備える意味でも多くの額を持つことは資金繰りに余裕が生じるので一定の意味のあるものでもある。

注16：コミットメントラインとは、事業会社と取引銀行との間で予め契約した期間・融資枠の範囲内で、事業会社の請求に基づき、取引銀行が融資を実行することをコミットする契約のこと。
短期借入枠とコミットメントラインの違いは、前者はあくまでも取引銀行が事業会社に設定した枠であり、銀行の審査により借入が実行されない場合もあるが、後者はコミットする以上、事業会社の借入要求に対して承諾する必要がある。短期借入枠は事業会社が取引銀行各行と個別に取り決めるのに対して、コミットメントラインは事業会社のメインバンクが他の取引銀行との間を仲介して全体をアレンジするケースが多い。尚、事業会社が実際に借入を実行する場合、コミットメントラインに参加している各取引銀行は予め決められたシェア割合の融資額を事業会社に実行することになる。

他方、当時、当社の国内における長期借入は一部を除き、コミットメントラインと同様に、メインバンク2行にアレンジしてもらい、参加行を募る形で銀行団を組成するシンジケートローン[17]形式でも調達を行っていた。これには、親密行で組成する「クラブ方式」と、日頃取引のないところに参加を募る「ジェネラル方式」の2種類がある。当社には当時前者が2本、計200億円程度、後者は1本、計100億円程度、合計300億円程度を、このシンジケートローンで調達していた。

注17：シンジケートローンとは、事業会社の資金調達ニーズに対して、複数の銀行が協調してシンジケート団を組成し、一つの融資契約書に基づいて、同一条件で融資を行う仕組みのこと。通常、長期性の資金ニーズの際に使われるケースが多く、事業会社のメインバンクが中心となりアレンジすることとなる。参加する銀行が事業会社が従来より取引している銀行のみを対象とする場合を「クラブ方式」、取引銀行以外に広く募る場合を「ジェネラル方式」と呼ぶ。事業会社にとってより多くの銀行の条件を知る事が出来る「ジェネラル方式」の方が、好条件を引き出せる可能性が高いが、何か問題が生じた場合は、親密銀行で組成する「クラブ方式」の方が多少融通が利くとされる。

こうした状況の中で、今回の架空循環取引という不正事案が起こった訳であるが、これが発覚した当初に相談した弁護士から様々なアドバイスを頂戴した一つに「銀行からの借入に問題はないか。金銭消費貸借契約書を確認した方が良い。」とのコメントがあった。恥ずかしながら、筆者はその時全くノー天気で、当初、事の重大性に思いが至らず、「両メインバンクはかねてから当社との付き合いは長く、問題はない。」という見当外れの回答をした記憶がある。しかし、それは甘かったのである。

9月19日（金）の対外発表当日、メインバンク2行には当社の財務担当役員のM常務取締役が説明に行き、また、翌週22日（月）にはM常務取締役と筆者が手分けしてそれ以外の取引金融機関や大株主である生命保険会社を回った。その結果、メインバンク2行以外の取引金融機関、生命保険会社からは、概ね理解が得られたと感じた。一方、日にちは前後するのであるが、先に説明に行った肝心のメインバンク2行からは、19日のその日のうちに、両行より筆者に対して再度の面談要請を求める電話が入ったのである。至急ということなので、20日（土）に休日返上でそれぞれ時間をずらして別々に対応した。尚、彼らと会う前に、前日（対外発表当日M常務取締役が説明のために訪問した時のこと）の両行の反応を訪問に同行した財務グループマネージャーに確認をした上で面談に臨んだことは言うまでもない。

両行ともに異口同音ではあるが、以下のような発言内容であった。

① シンジケートローンについて

本件の対応は、法人営業部ではなく、本店のシンジケーション部が手続きをする。今回の件は「表明保証条項の違反」[18]の可能性がある。違反となると「直ぐに返済せよ」ということも出来る。早く財務数値を正しいものに置き換えて、表明保証違反の解消に努めるべし。その上で、参加行全ての意向を踏まえて、ローンを継続（この場合、契約の巻き直しを意味する）するかどうかを判断することになるだろう。

② コミットメントラインついて

基本的にはシンジケートローンと同じで、表明保証条項違反の解消如何にかかっている。

③ 受取手形の流動化について

流動化スキームには2種類があり、一つは既存の一般的なスキーム、もう一つは数か月前にＧＹＣ社グループが参加し始めたメインバンクの一つＩ銀行の有力顧客に限定した新規の流動化スキーム[19]であった。

注18：「表明保証条項の違反」とは、お金の貸し借りや不動産売買、M&Aといった取引を実行する際に取り交わす契約に際して、その契約時や取引のクロージング（完了）時点において、契約締結の前提となる事項が真実かつ正確である旨を契約当事者（今回の場合は借り手）が表明し、相手方（今回の場合は貸し手）に対して保証するものが表明保証であり、それに違反したことを言う。表明保証に違反した場合、相手方はその契約を解除することが出来、また場合によれば、生じた損害に対して補償を請求することも可能となる。

注19：有力顧客に限定したものであるため、一般的なスキームより手数料（金利相当）が低いもの。

前者の受取手形流動化は２００億円近くあったが、これが維持出来るかどうかは、Ｉ銀行との契約上では、外部の格付けがどうなるかによる。当時当社の社債格付けは長期ベースでトリプルＢ格（ＪＣＲ＝日本格付研究所）であったので、万一これを格下げされると２００億円近い受取手形を買い戻さなければならなくなる。この資金手当を通常の借入で賄うことはかなり厳しいものと予測される。しかし、幸いなことに本件に伴いＪＣＲから社債の格下げはされることがなかったので問題には至らなかった。

これに対して、後者の新規流動化スキームは、Ｉ銀行の有力顧客限定のスキームであり、今回の当社のような問題を起こした企業をその中で継続させる訳にはいかないので、即刻この中に入っている受取手形（約60億円程度入っていた）の買い戻しを求められた。何故継続させることが出来ないのかの理由について釈然としないところはあったが、問題を起こしたのは当社であることは間違いないため、黙って受け入れざるを得なかった。この60億円の買戻し資金は、当該スキームを取り扱っているメインバンクのＩ銀行に加えて、もう1行のメインバンクであるＢ銀行の協力も得て、30億円ずつそれぞれ追加借入を受けて頂き対応した。

尚、この新規の流動化スキームに、当社が参加してから比較的間がなかったので、残高がまだ少なかったことが幸いした。受取手形の大半が、このスキームに入っていれば、恐らく両メインバンクも対応しきれなかったと思う。

結局、後でも述べる通り、10月28日（木）に外部調査委員会より「外部委員会調査報告書」を受領し、同月31日（金）にその事実を対外的に開示した。そして、それを受けて11月7日（金）に過年度（４年分）及び当期第１四半期の全ての訂正を当局に届け出て、更に、翌週の11月14日（金）に２００９年3月期第2四半期（２００８年9月期）決算発表を行ったが、その直後よりコミットメントライン及びシンジケートローンの取り扱いの最終交渉を行った。

これらのアレンジをしているメインバンクの主張は、「本件はコベナンツ[20]に引っかかっている。従って、リ・アレンジする必要があり、それに対するフィーを求めたい。」とのことである。しかも、その額は一から契約を行う時のフィーと同じ規模の金額で「億円」単位のレベルのものであった。我々からすれば、「これは契約の巻き直しであり、修正程度のものであるので、その要求は、言葉は悪いが〈ぼったくり〉ではないか。ゼロとは言わないが、そのような高額なフィーはGYC社の社内では通らない。」という反論を試みたが、メインバンクは、「これらは参加各行に分配するものであり、参加各行に対する礼儀として必要である。」更には、「フィーを値切ると、マーケットでのGYC社の評判が悪くなる。行儀の悪い会社だと思われる。」と言うのである。いわゆる「黙らせ料」が必要ということなのか。

注20：契約書に記載される、債務者側の義務や制限などの特約条項

しかし、当社としても、仮に株主から説明を求められた時に、きちんと回答しなければならない。納得が出来ない、法外に高額なフィーを支払う訳にはいかない。

結局、当初提示された半額程度に値切った上で、シンジケートローン及びコミットメントラインの契約の巻き直しを行うことになり、それで両メインバンク側は行内稟議を廻し、他方、当社の方では12月8日（月）の常務会審議に諮り承認を取り付けた。

会社は、事業を運営するためには、資金が必要である。そして、それを滞ることなく供給してくれる銀行は大切にしなければならない。加えて、彼ら銀行は、常に「全面的に支援する。」と言ってくれ、感謝しなければいけないが、その後ろ側にある収益に対する貪欲さを今回改めて身に滲みることとなった。当初、A総合法律事務所の弁護士が「銀行は問題ないのか。」と心配された意味を、改めて理解した。本当に筆者は甘かったと恥じ入る次第である。

第6節　ＳＥＳＣ（証券取引等監視委員会）からの事情聴取

証券取引等監視委員会、通称ＳＥＳＣは、市場における不正等に関して監視をする組織であるが、今回の架空循環取引が発覚した当初からアドバイスを受けていたA総合法律事務所から、ＳＥＳＣより捜査を受ける可能性があることを指摘されていた。聞くところによれば、ＳＥＳＣは、元検事や元裁判官が多く在籍しており、捜査となると、会社関係者へのヒアリング、実質は事情聴取、言い換えれば取り調べも行われるとの由。

当時、ＳＥＳＣの組織には、①特別調査課と②課徴金調査開示課があったそうだ。そして、前者は「犯罪調査」、いわゆる刑事捜査の様なことを行うようであり、後者はこれとは別に、「行政処分を科す検討」を行うセクションであるそうだ。従って、一般的に最初に動くのは課徴金調査開示課で、そこで判明した情報を、必要に応じて特別調査課に流すそうである。即ち、特別調査課が動くとなると、相当悪意性があるケースということである。

我々としては、特別調査課に廻されることは何としても避けたい。そのためには、有価証券報告書を作成するラインが、この架空循環取引に関する粉飾に関与していないことを明確に立証しなければならなかった。従って、会社としての方針は、事実関係は争わず、調査は全面的に協力する姿勢で臨むということであった（心証を良くする意味もある）。

繰り返しになるかもしれないが、今回のポイントは、有価証券報告書虚偽記載が会社で組織的に行われているのか否かであると、Ａ総合法律事務所の弁護士より言われていた。仮に組織ぐるみであるとなれば、関東財務局、東京・大阪証券取引所の対応も、当然のことながら大きく変わってくるであろうし、それはより厳しい処分を受けることになる。（一発退場ということ

所の監理ポストに入れられる処分とは桁違いのレベルのものである。

具体的な対応状況に入る前に、ＳＥＳＣから事情聴取を受ける際のポイントを示しておく。これはＡ総合法律事務所の弁護士からアドバイスを受けたものである。それによると、ポイントは２つあり、

① 「事実」と「意見（推測）」、「現在」と「当時」の区別をはっきりさせること
② 調書の確認を求められるので、言っていないことが記載されていないかを注意すること。

これらを踏まえて、実情を述べてみたい。当初、取り調べを受ける可能性のある人物は、架空循環取引を行った当事者であるＯ千葉営業所長に加え、架空循環取引に加わった取引業者、当該ライティング事業の新旧上司（ＯＢも含む）や同僚、そして当社の最高責任者であるＹ社長や財務担当役員であるＭ常務取締役（ライティング事業担当でＧＹＬ社の当時の社長でもある）を想定していた。当社の認識としては、この架空循環取引は、Ｙ社長やＭ常務取締役をはじめ、取締役や執行役員クラス、ライティング事業責任者等の誰も知らなかった話であり、我々は組織的な行為であるはずもないことであると自信を持っていた。しかし、それをＳＥＳＣサイドが支持してくれるかどうかは、残念ながら相手次第と言わざるを得ない。また、関係者のどこ

かから、事実とは異なる、間違った「推測」に基づいて、首謀者（О千葉営業所長）の上司等がこれらの行為を指示もしくは黙認していたような供述が出て来ないとも限らない。

そのため、予め社内調査委員会、外部調査委員会において、関係者には徹底的にヒアリングをしていた。インタビュアーは元検事の弁護士である。会社にとって都合の悪いような情報を覆い隠すようなことは全くなく、適正に真相を究明して行った。この内容については、インタビューメモとして委員会メンバーに共有されると共に、「外部調査委員会報告書」内に反映された。

これと共に、これらの情報は、元検事の弁護士から、当社がＳＥＳＣより取り調べられることが決まった後に、全てＳＥＳＣ側に報告されている。当社側の弁護士も元検事、ＳＥＳＣの担当官も元検事（全てではないが）。これらの人脈は、ＳＥＳＣ担当官の心証を測る上で非常に役に立ったと考えている。

筆者自身も元検事の弁護士である外部調査委員会の委員長から直接にインタビューを受けた。ポイントは、「財務統括部長（筆者）が、何故この架空循環取引に気づかなかったのか？」という点であった。筆者は恥ずかしながら「過去、千葉営業所は幕張メッセの大型物件の受注があり、これは実在性の伴う取引であった。それ以降、千葉営業所で売上が増加していたが、千葉臨海地区の発展はすごいのだなあと、ただただ感心するばかりで、ノー天気に思っていた。」と答えたと思う。これが真実であり、筆者が馬鹿であったことを正直に認めざるを得なかった。

ここで一つ印象に残る思い出を書き記しておきたい。財務担当のM常務取締役も、筆者がインタビューを受ける数日前に同様のインタビューを受けたが、その後に、彼から聞いた話である。予め、彼からインタビューを受ける直前に「どういうスタンスで臨めばよいだろうか。」と相談された。その際、筆者は「本当に我々は何も知らなかったのだから、馬鹿になって知らなかったと言い続けるしかないでしょう。」と申し上げ彼も「そうだね、そうする。」と言って、その場に臨んだはずである。

しかし、その場において元検察出身の弁護士である外部調査委員会の委員長から「大手銀行出身者で元一流銀行マンであった貴方が、このような架空循環取引という不正会計を見抜けなかったというのは恥ずかしいことではないか。」とかなり厳しく、挑発するように詰問されたそうだ。

後日、彼から筆者が聞いた話では、その時何かプライドを傷つけられたように思ったのであろうか。彼は思わず「全く分からなかったという訳ではなく、何かおかしいとは思っていた。」と心にもないことを発言してしまったそうだ。これは、感情的になって、先ほど述べた①「事実」と「意見（推測）」をごちゃ混ぜにしてしまったことになるのではないか。こうした経緯も影響し、外部調査委員会の心証を悪くしてか、その後10月28日付で出された「外部調査委員会報告書」における関係者の処分の提言では、3名の代表取締役（会長、社長、副社長）より、この財務担当（ライティング事業担当でもある）M常務取締役の方が重い処分内容の提言となってしまった。

話を元に戻そう。この様な厳しい調査やインタビューを行い、それら全てをSESCに情報提供を行ったことを踏まえて、SESC独自の調べが始まった。関係者の事情聴取の中に、当社Y社長や、財務担当のM常務取締役は含まれるだろうとは思っていたが、当時執行役員財務統括部長であった筆者までそれが及ぶとは当初全く思ってもみなかった。しかし、これも筆者の甘い認識であった。即ち、筆者もSESCの取り調べを受けることになったのである。

9月24日（水）、秋分の日の翌日、午前9時半からと、午後1時から、2度にわたって、東京のA総合法律事務所会議室で打ち合わせを行った上で、午後3時に金融庁建物内にあるSESCを訪れた。筆者が若かりし頃しばしば訪れていた旧大蔵省（現財務省）正面玄関[21]から入るのではなく、車で直接地下駐車場から専用エレベーターと思われるものを使って中に入って行った。何か人目につかないような入り方をした印象がある。そして、窓のない部屋に案内された。テレビに出てくる刑事ドラマの取調室を想起させるような設定である。しかし、尋ねられた内容は、比較的予想された範囲内のものであった。一つは、予め資料作成を求められていた拠点毎の粗利率の違いについてである。これは、千葉営業所に特異性があるかどうかという意味であったと思う。そして、二つ目は、やはり筆者がそれに気づかなかった理由であった。これには、予め外部調査委員会で聞かれたことに対して答えたものと同じように回答した。

注21：関東財務局がＴＤネットを導入する前は、有価証券報告書を関東財務局に届ける際、直接会社担当者が当局に持参し、受領印を得なければならなかった。関東財務局がさいたま新都心へ移転する前は、永田町の旧大蔵省に持参していた。

第7節　刑事告訴と損害賠償請求、そして違法配当？

法的事項に関しては、筆者は財務統括部長の立場であったので、詳細なところまで立ち入った訳ではなかった。当社においては、主として総務統括部の中にあった法務部門が、外部の複数の法律事務所と相談をしながら進めて行った。

主として3つの観点から話を進めたい。

先ず第1には、首謀者であるＯ千葉営業所長に対してである。今回のような架空循環取引を行うことは、会社に対する背任行為、詐欺行為に相当する可能性がある。加えて、千葉営業所の経費の使われ方を詳しく検査した。これはA総合法律事務所の弁護士のアドバイスで、こういった不正会計事案では往々にして経責の流用が行われるケースがあるという事を踏まえたものである。その結果、当社が経営統合して以来の4年余りの間に、1億円を超える不正な私的流用、いわゆる横領が、架空循環取引とは別に行われていたことが判明した。これらは残念ながらこれまでの内部監査等で発見できなかったものである。勿論、これらに対して、刑事告訴を行うと同時に、民事上の損害賠償請求を行ったことは言うまでもない。

この刑事告訴は、警察によって受理され、その後彼は逮捕、起訴されたことは言うまでもない。しかし、公判中に彼は不治の病に罹り、結局は収監されることなく、数年後に病院にて死亡した。

一方、損害賠償請求に関しても同様である。適正な手続きの下に、彼の資産の調査もしたが、既に不正事実が発覚する前に、彼の金融資産、不動産といった財産は、そのほとんど全てが離婚した妻名義に移されており、彼の死亡もあって差し押さえる事が出来ず、その結果回収することは出来なかった。

更にこのO千葉営業所長の二人の元上司（かつて事業責任者であった元GYL社社長と元営業部長）に対する監督責任が問えないか、という点である。これについても彼らが指示した証拠もなく、不正行為を知りながら放置した、いわゆる任務の懈怠たることも証明できず、また、既に両名共に定年退職していることもあり、追及をあきらめざるを得なかったが、落としどころとしてはやむを得ない思いがした。尚、余談であるが、これを追求しすぎることは、この架空循環取引が組織的行為となり得ることとなりかねず、別の意味での問題が生じかねないことになる。しかし、これをいい加減な形のままで済ませることは、逆に組織的行為でないことを明確に証明出来ないことになり、しっかりとやり切った上で結論を出した。

続いて2番目であるが、この架空循環取引に加担していた仲間、即ち特約代理店の関係者に対してどうするかである。言うまでもなく、架空循環取引は実態を伴わない取引であり、法的には無効であると言わざるを得ない。しかし、一方では、これを止めるには難しさが伴った。取引が実態を伴うものであろうがなかろうが、それぞれのプレーヤーは相当額の売掛、買掛の債権債務を保有しており、その支払期日、入金期日を前提に、各社は資金繰りを行っているはずである。従って、ある時、急にこれらをストップすることは、体力の弱い会社であればあるほど倒産するリスクが高まるということになる。ここで最も大切なことは当社の損失を少なくすることである。そのためには、少しでも回収を多くしたい。従って、彼らを倒産させることが必ずしも当社にとってメリットがある訳ではない（感情論としては彼らを許したくはないのであるが）。

そこで、当社側が最初に行ったのが、当社の他の事業部門も含めてグループ会社にあった全ての当該相手先の債権債務を同じグループ内のシェアドサービス会社であるＧＹＡＳ社に集中させ、その上で、債権債務を相殺消去させた。つまり、この架空循環取引は５、６社のプレーヤーの中で売上、仕入が循環しているため、それぞれの会社で同じプレーヤーの売掛債権（売掛金、受取手形）、仕入債務（買掛金、支払手形）が存在しているはずである。そしてこれらの中には、実体を伴うものもあろうが、その大半を占めるものがこの架空循環取引によるものであり、循環している以上、各社ともに当社グループ宛の債権債務を両建てで保有していたからである。しかし、これを行ったことは、後になってハレーションを起こすことになった。

前にも少し触れたが、彼ら側の言い分として、「不正な取引とは知らなかった。」と言うことで、いわゆる善意の第三者として、彼らから見て売掛債権（売掛金、受取手形）、当社から見て買入債務（買掛金、支払手形）の支払いを求める民事訴訟が提訴されることになる。この裁判は数年に及び、最終的には概ね彼らの主張が認められ、当社は数億円の支払い（これは同額の損失計上を意味した）を追加で余儀なくされた。

ここで訴訟関係とは少し内容は逸れるが、第３の観点として、法的な問題繋がりということで、違法配当問題[22]に関して触れておきたい。言うまでもなく、会社法上、配当可能な範囲が定められている。これは、いわゆる貸借対照表上の利益剰余金を指すが、今回この不正取引に関係した会社、ＧＹＬ社は、これまでの利益剰余金の積み上げが薄く、仮に架空循環取引で得られた利益、いわゆる粉飾した利益をベースに親会社である持ち株会社のＧＹＣ社に配当していた場合、利益剰余金が食いつぶされ、マイナスになるのではないかというリスクが生じる。言い換えると、粉飾した利益を差し引いた利益剰余金の範囲を越える配当を行っていたのではないかということである。検証したところ、幸いにも決算を過去に遡ってもマイナスになることはかろうじてなく、違法配当ということにはならなかった。

注22：違法配当とは、定款に違反する利益配当、および会社法に定められる分配可能額を越えて行われる剰余金の配当のこと。今回のケースは後者に該当するリスクであった。

第8章

第2四半期決算発表前後

第1節　東京証券取引所の45日ルール

決算の情報開示を行うに際して、東京証券取引所には、「45日ルール」と呼ばれるルールがある。これは、本決算及び四半期決算を締めてから45日以内（暦ベースであり稼働日ベースではない）に決算短信という形で開示を求められている。尚、会社法上は「決算が確定後速やかに」とあるが、関東財務局へは、一般的にこれとほぼ同時期に四半期報告書を提出[23]する。

注23：本決算期末に提出する有価証券報告書は、株主総会終了後に議決の結果内容も加味して提出するのが一般的である。

仮に、この45日以内に決算内容が開示出来なければ、当該会社と東京証券取引所との間で協議することになるであろうが、天変地異等の特段の事情があり、社会的にやむを得ないと理解される場合はともかく、今回のような架空循環取引という不正会計に伴って過去の決算の訂正に手間取ったために決算の開示が遅れるケースや、減損損失の計上等において会計監査人と事業会社間で大きな見解の相違が生じ、監査報告書が出されないケース等においては、東京証券取引所の理解を得ることは難しい。

少しだけ猶予期間を与えられる場合もあるかもしれないが、ルールを守れないことへのペナルティーとして証券取引所市場の監理ポストへ移してしばらく様子を見ることになる。更に時間がかかるようであったり、そもそも悪質なものであれば、最悪、上場廃止の処分もあり得る。

我々のこの架空循環取引が発覚する少し前に、四国の食品メーカーや、大阪の総合家電メーカーが同種の不正会計を発表したが、いずれも監理ポストに移されていた。そして、両社ともにその後市場や顧客の信頼を失ってしまったのか、上場廃止は免れたものの、数年後に別の会社の傘下に入ることになる。いわゆる経営の自主権を失ってしまったのである。我々もこういう状況も承知していたので、我々の目標は、当社の独立を守ること、そのためには監理ポストに入らなくても済むように最大限努力すること、これらのことであった。そこで、我々は自浄能力を示せる改善策を自ら打ち出さなければならない。更に、決められた決算手続きのルールは守り切らねばならないと考えた。前者は、外部調査委員会を中心に粛々と進め、誰もが納得する原因究明や責任追及、再発防止策を打ち出さなければならない。一方、経理サイドは後者に全力を挙げて取り組んだ。前にも述べたように、最初千葉営業所に乗り込んだベテランと中堅社員の二人を始め、10名足らずのＧＹＡＳ社経理グループのメンバーが、従来の第２四半期決算と、過去４年３か月の膨大な量の決算の訂正作業をやり切ってくれた。

後でも触れるが、結局当社は監理ポストに入ることなく、本問題を処理することが出来たが、彼らの献身的な協力の賜物であることは間違いない。それともう一つ、当社にとって幸運ともいえることがあった。それは偶々ではあるが、第1四半期決算の発表が終わった直後の夏休み期間に本事案が発覚したことである。そのため、短いとは言え、第2四半期決算の発表のタイミングまで少しばかり時間的余裕があった。これが万一決算発表直前に発覚しておれば、その決算発表は東京証券取引所のルール内に行うことが間に合わず、監理ポストへの移行は避けられなかった可能性がある。そういう意味では、我々にはある意味でツキがあったと言えなくもない。

第2節　臨時株主総会開催を巡る攻防

２００９年3月期第2四半期（２００８年9月期）決算をまとめるに際して、それぞれの期毎に訂正しなければならない数値は把握することが出来たものの、商法（現会社法）上の計算書類、金融商品取引法上の有価証券報告書にどのように反映させるかという問題が生じて来た。２００８年10月24日（金）夕方かなり遅い時間帯から、東京の外部調査委員会メンバーを中心とした弁護士と、大阪にいる当社会計監査人である監査法人の公認会計士とが電話回線を繋いだミーティングを行った時の出来事である。

筆者は、その日午前中、東京証券取引所に31日に「外部調査委員会報告書」を受領するその報告をするに先立った事前相談を行うために、同所へ出かけていた。そのため、この日の夕方は、東京のＡ総合法律事務所内で弁護士の先生方と一緒に出席し、そのやり取りをつぶさに聞いていた。尚、大阪の監査法人事務所には、当社側からは財務統括部の担当部長を行かせていた。

先ず、監査法人側から「有価証券報告書は事業会社に期毎に訂正したものを作成してもらうが、計算書類は当期（２００９年３月期）の期末に一括で訂正したものを作成して欲しい。」という提案があった。一方で、外部調査委員会の町田委員長から「計算書類も期毎に作成すべきではないか。」という見解が示された。

これに対して、当社の監査報告書のサイナーである会計監査人の責任者の先生から、次のような反論がなされた。当時はインターネット回線を使ったＴＶ会議システムはなく、電話越しであり、姿は分からなかったが、かなり厳しい口調であり、日頃温厚な先生とは違った一面に触れたことを今でも記憶している。公認会計士には公認会計士としての矜持があるのであろう。反論は次の３点である。

①　計算書類まで期毎に訂正するとなると、監査手続きに時間がかかり、第２四半期決算の45日ルールの期限までに間に合わない。そうなれば、東京証券取引所市場の監理ポスト行きになりかねない。

⬇これは相当会社側の意向を忖度してくれたものと思った。

②重要性の観点から見て、全ての期の計算書類を書き直す必要はない。いわゆる5％基準からして、いずれもそれ以内であり、本案件には重要性はないものと判断する。他社事例（この時先生は具体的に5社の実名を挙げる）でも、商法（現会社法）上、発覚年度の訂正で当局に受理されている。

➡今回の当社のケースで基準をクリアしているかどうかを、筆者自ら念のためにその場で概算ながら計算してみた。

損失／連結総資産＝1・5％

架空売上利益／連結売上高＝2・8％でいずれもクリアしていた。

但し、売上高ではなく、利益を分母にした場合や連結ではなく上場会社単独で見ればどうかという疑問は残ったが、筆者が口を挟む話ではない。

③計算書類を訂正するということは、臨時株主総会を開催する必要が生じてくる。また、計算書類まで直すレベルなら（監査法人側はそうは思っていない訳であるが）、会社側の責任は重大となってしまう。更に、このそれぞれの計算書類の会計監査もかなりの時間をかけざるを得ない。

➡会社は、この案件で臨時株主総会を開催するつもりはなく、こちらもまた会社側の意向に沿うものである。

いずれにせよ、「何が会計処理で違うのか（計算書類を各々期毎に書き直しても、行き着く先の最後の数値は変わらない）。明確な基準がないのであれば（本当にそうなのかは筆者には分からないが）、慣行で判断すべきである。ポイントは『重要性』である。」という主張であった。

それを聞いていて、筆者が理解不足なのかもしれないが、特に③は「計算書類まで遡及すると重要性が高まる。」というように聞こえてきて、何かロジックがおかしいように思えた。しかし、その場では、筆者から「会社側としては、本案件のみで臨時株主総会を開催することは耐えられない。従って、計算書類は重要性がないという判断で問題がなければ、各期毎に作成し直さない方向で進めて行って欲しい。」と申し入れた。経理の実務的には、有価証券報告書と計算書類で2つの種類の数値を扱うことは大変煩雑にはなるが、会社全体の判断を優先せざるを得ない。

尚、この場は、会社の意向を聞く場ではないので、筆者の主張が影響を与えたとは思わないが、結局、監査法人側の主張を外部調査委員会側が受け入れる形で、この議論は収束した。

この後、もう一つ、監査法人側から問題提起がなされていた。それは、債務超過引当金の計上の有無である。架空循環取引を行った事業子会社は、かねてより利益水準が低く、十分な利益剰余金が積みあがっていなかった。そうした中で、架空利益分の訂正を行えば、債務超過となるため、親会社である上場持ち株会社単独決算では、子会社株式に対する債務超過引当金を引き当てる必要があるということである。これは、第1期（2005年3月期）から引当を計上する必要が生じることになる。また、そのようなことになれば、上場持ち株会社自体への違法配当問題にも波及するというのである。

これを回避するためには、この架空循環取引を起こした事業子会社ＧＹＬ社を親会社もしくは他の十分に利益を出し続けている事業子会社と合併させれば、遡及分も含めて債務超過引当金を引当てる必要がなくなる。そこで、当社としては、他の事業子会社ＧＹＰ社との再編を実行することにした。大義名分は「ガバナンスを強化する」ということである。

いずれにせよ、こうしたことを踏まえて、監査法人側からの監査意見は「付記事項付適正意見」が出る方向で進めるというお墨付きをいただいた。

第3節　税務上の論点　払いすぎた税金はどうなるか

10月27日（月）に開かれた外部調査委員会において、もう一つ財務的に重要な課題が議論された。それは、架空循環取引の数字が確定した後、その損失は損金と認められるか否かという問題である。その際、先ほども述べた通り、この事業会社ＧＹＬ社を別の中核事業会社ＧＹＰ社に吸収合併させるアイデアを持っていたので、これを踏まえた上での検討や確認が必要であった。

ここでは、税制適格要件[24]に該当するべくコト（合併）を進めるか、それとも税制非適格要件でコトを進めるかによって違ってくる。特に、後者の場合は、自由に合併のフレームワークが組めるものの、損失を発生させた事業会社ＧＹＬ社（吸収合併会社）の繰越欠損金は捨てることとなる。我々は、メリットよりデメリットの方が大きいと判断し、後者は採用せず、前者で手続きを進めることとした。

注24：合併を行うに当たっては、一定の要件を満たすことで法人税法上のメリットを受けられる。このことを税制適格合併という。この場合、合併のタイミングにおいて会社としての活動が継続していると考えて、資産や負債を帳簿価格で引き継ぐことになり、それらの含み益に対する課税を繰り延べる事や被合併会社における法人税法上の繰越欠損金を引き継ぐことが出来る。こういった税務上のメリットを得るためには、いくつかの適格合併要件をクリアしなければならず、これらを意識して合併のフレームワークを作らなければならなくなる。

尚、架空循環取引により粉飾決算した架空利益（税務上では架空益金となる）を、今回否認することにより、過年度にわたり税の還付が認められるか否か、という問題も生じた。これについては、一縷の望みをかけて税務当局（当社の場合は京都下京税務署が管轄）に還付の申し入れを行うこととした。しかし、不正を行ったのは我々であり、過去の還付は期待出来ないものの、当期申告分（前期発生した損失分）は戻してくれることになったと記憶している。

第9章

東京証券取引所の命令と処分、そして「改善報告書」

第1項　事前相談

官庁関係もそうであるが、東京証券取引所においても「大きな事案」になると、事業会社が自主的に予め事前相談のためお伺いをし、色々とアドバイスを受けて、そしてそれを加味した上で、正式な報告なり、届け出を行うことが一般的に行われている。これは公式な文書で示されている訳ではない。慣行としてなされている。

今回の当社の架空循環取引もこの「大きな事案」に該当するものであり、10月24日（金）午前11時に続いて、10月29日（水）午前10時から「外部調査委員会報告書」の原案を持参して事前相談に行った。この手続きを踏んだ上で、10月31日（金）に当社取締役会での承認手続きを取った。そして、この正式な「外部調査委員会報告書」を東京証券取引所のＴＤネットを使って開示することになる。

この事前相談における東京証券取引所側と筆者との質疑は次の通りであった。

（Ｑは質問、Ａは回答）

Ｑ　「事業子会社のモニタリング強化はどうするか？」

Ａ　「ポール等再販品のみの取引そのものを禁止することにより歯止めをかけられる。」

Q　「親会社（上場会社）社長の責任については？　また動機は？」

A　「動機は千葉営業所長個人の着服目的によるものである。この個人に対しては、今後会社から損害賠償請求をするつもりである。」

Q　「会社の責任として構わないか？」

A　「会社が指示したものではない。」

Q　「担当役員の責任はないのか？」

A　「会社と同様、指示したものではない。」

Q　「該当する事業子会社責任者の過去からの推移と、グループ内での位置付けを具体的に示してほしい。」

A　「後刻改めて報告する。」

概ねこの様なやり取りであったかと記憶している。お恥ずかしい限りだが、下手な言質を取られないようにしたため、話が少しかみ合っていなかったかもしれない。しかし、やはり東京証券取引所は組織的行為か否かを疑っている。また、自浄能力があるかどうかも気にしていると思われた。

続いて、東京証券取引所からのコメントとして、10月31日の「外部調査委員会報告書」開示後に想定されること等についての説明があった。開示を受けて、「先ずは当日監理銘柄に指定するかしないかの判断をする。仮に指定しなかったとしても、不適正の是正は必要であり、後日それは開示してもらうことになる。そして訂正有価証券報告書は遅くとも11月7日（金）には関東財務局へ出すように。」との指示があった。

尚、東京証券取引所の処分パターンについて、口頭にて説明があった。

① 上場廃止
② 特設銘柄指定
➡最低1年、業務改善が出来るまで
③ 改善報告書作成命令
④ SESC課徴金命令があれば注意勧告
⑤ 上場違約金命令
以上である。

この事前相談の結果を受けて、同日（10月29日）夕刻の午後4時より、東京のA総合法律事務所において外部調査委員会にてこれらの報告を行った。

東京証券取引所とのやり取りを踏まえて、注意銘柄に入るのは避けられないのではないか、その後いかにして監理銘柄に指定されないで済むか、というのがその場の雰囲気であった。そうならないためにも、その後会社が提出する「改善報告書」の中に、東京証券取引所が懸念していることの全てをしっかりと対応して、書き切る必要がある。

尚、これらの議論の後、元検事の弁護士がＳＥＳＣを訪問し、そこで聴き取った結果の報告もなされた。曰く、ＳＥＳＣが基礎調査に入れば課徴金を課せられる可能性が大きいということ、また、会社に更なる呼び出しがなければ、恐らく課徴金は課せられないであろう、ということが報告された[25]。

注25　最終的には再度の呼び出しはなく、課徴金も課せられなかった。

第２項　「外部調査委員会報告書」の開示

10月31日（金）の午前９時30分から11時までの１時間30分かけて、当社取締役会において10月28日（火）に外部調査委員会より提出された「外部調査委員会報告書」についての報告、審議が行われた。この取締役会での本報告書を会社として受理することの承認を受けて、当日午後に東京証券取引所のTDネットを通じて開示した。また、これと同時に、関東財務局にもEDネットを通じて届け出を行った。

開示、届け出内容は7ページにわたるリリース文書と、別紙としてカガミのページを含めて30ページにわたる「外部調査委員会報告書」、そして「子会社の再編に関するお知らせ」、「業績予想の修正および特別損失の発生に関するお知らせ」の都合4点セットの膨大な量に及んだ。

詳しい内容は、別途平成20年10月31日付の開示資料（**資料2および資料3**）を参照いただきたいが、「外部調査委員会報告書」の構成は次の通りとなっている。

【調査報告書】（目次のみ）平成20年10月28日

第1　外部調査委員会（以下「当委員会という）の概要
1　当委員会設置の目的
2　当委員会による調査の目的
3　当委員会内部の委員の担当
(1)　弁護士の委員

(2) 本件取引の関与者

2 本件取引の発生原因等

(1) 元所長による本件取引の開始及び継続の動機

(2) 本件取引が長期間発見されずに見過ごされてしまった原因

ア. リスク管理上の問題点

イ. コンプライアンス意識の欠如及び企業風土に関する問題点

ウ. モニタリングにおける問題点

(ア) 持株会社としてGYCによるGYLに対するモニタリング

(イ) GYLにおけるモニタリング

a 経営陣および管理者従業員によるモニタリングの欠如

b 他部署からのモニタリングの欠如

c 営業所内におけるモニタリング

d 業務フロー上のモニタリング

(a) 基本契約書の締結管理

(b) 与信限度額の把握

(c)　滞留売上債権管理
(d)　買掛金債務に関する取引先からの残高確認に対する対応
(e)　売上計上時期
(f)　現物確認の不実施
e　監査役によるモニタリング
エ．情報収集体制の機能不全
オ．その他の原因
(ア)　人事配置の滞留
(イ)　事業計画、予算管理方法の問題

第3　本件取引にかかる不適切な会計処理の内容（本件取引にかかる売上高及び売上原価）

第4　本件取引の関係者の処分に関する意見
1　処分に関する意見を述べるにあたって検討した事項
2　関係者の処分
(1)　本件取引の実行行為者の処分
(2)　GYL役員の処遇
(3)　GYC役員の経営責任

(2)　事業計画及び予算管理方法の改善
(3)　各種社内規程の改定及び運用の見直し

以上である。

我々社内のメンバーにとって厳しい指摘も多々含まれているが、真摯に受け止めた。そして次の「改善報告書」にまとめて、今後それを実行することになるが、その話は後程記すことにする。また、これを受けた形で「当社子会社の不適切な取引に関する報告」というリリース文書を同時に開示した。これもここでは構成のみを書き記すとして、詳細については平成20年（2008年）10月31日付の開示資料**（資料3）**を参照願いたい。

【当社子会社の不適切な取引に関する報告】（目次のみ）

Ⅰ．決意とお詫び（総括）

(c)　コンプライアンス調査

(2)　監視活動の強化

(a)　ＧＹＣによる監視活動の強化

①　内部統制システムの構築

②　監査室の体制強化

③　業務指導グループの活用

(b)　ＧＹＬ内部における監視活動の強化

①　当社グループ事業体制の見直し

②　他の部署からのモニタリングの強化

③　各営業所におけるモニタリングの強化

④　業務フロー上におけるモニタリングの強化

(i)　購入再販品のみの取引の禁止

(ii)　ＧＹＬ与信管理マニュアル

(c)　ＧＹＬ業務分掌規則、ＧＹＬ職務権限規則

(3)　従業員からの情報の伝達

(a)　ＧＹＣ企業倫理ヘルプライン規程

(4) 人事制度の見直し

(a) 人事ローテーション

(b) 人事交流の活発化

Ⅳ. 過年度決算の訂正

1. 連結およびGYC個別決算　平成17年3月期～平成20年3月期

2. 連結およびGYC個別中間決算　平成17年3月期～平成20年3月期

3. 連結第1四半期決算　平成21年3月期

Ⅴ. 当期業績への影響

1. 連結第2四半期決算　平成21年3月期

2. 連結決算　平成21年3月期

3. 本件取引による影響額

Ⅵ. 関係者の処分

1. 本件取引の実行行為者

2. GYL役員

3. GYC取締役

4. GYC監査役

以上である。

この開示を踏まえて、翌週11月4日（火）～5日（水）の両日、京都並びに大阪の当社取引銀行11行へ筆者自らが出向いて「外部調査委員会報告書」の説明を行った。尚、開示までの間は、これら銀行説明の準備にまでは中々手が回らず、11月1日～3日の3連休を使って対応した。また、これと並行して、5日のメインバンク2行については、Y社長に出馬を要請し、社長から直接説明を銀行幹部に行う配慮をした。

さて、ここで一つ留意を要することがあった。関係者の処分の中で、メインバンク（B銀行OB）のM常務取締役（財務担当及びライティング事業担当役員で当時GYL社長でもある）の処分案が他の誰よりも（代表取締役よりも）重い「報酬月額30%を3か月減額」の報酬返上となったことである。この経緯は既に記した通り、

① 当該事業の担当役員であり、事業子会社の社長を兼務していること
② 外部調査委員会からの事情聴取に対する心証が悪かったこと

即ち、これらの取引に問題がありそうだということを分かりながら放置していたのではないか、言い換えれば任務懈怠があったのではないかということによるものである。

尚、当初外部調査委員会から会社側になされた内示では、更に重い処分案であったようだ。

これに対しては、会社側から粘り強く本人の落ち度が低いことを外部調査委員に説明し、前記の処分案となった次第である。

こうした一連の内容を彼の出身母体であるメインバンク（B銀行）に対して、特に京都支社から銀行トップに正しく伝えてもらえるよう、筆者から丁寧に説明した。真相を理解した当時の執行役員である京都支社長からは、「当行のOBが大変御迷惑、御心配をおかけしました。銀行の上層部には正確にお伝えします。」という言葉を返してもらった。こう言って貰って当社としては万々歳である。

第3項　東京証券取引所の処分

銀行廻りをした翌々日の11月7日（金）午前9時30分から取締役会を開催し、有価証券報告書並びに四半期報告書の訂正報告書、そして、過年度の決算短信の一部訂正に関する承認を取り、それらをEDネット、TDネットを通じて届け出、開示を行った。これで11月14日（金）の第2四半期決算発表が出来る出発点となった。とは言え、残すところは後1週間しかなかったが。

それはともかく、これに伴い、東京証券取引所からの呼び出しがあり筆者は、7日午後2時からの面談のため東京証券取引所へ向けて京都から移動した。大変あわただしい1日である。この日の訪問は東京証券取引所からの処分通知を受けるためのものである。これらの一連の段取りは、予め「外部調査委員会報告書」受領の発表を行うに先立ち事前相談を行った際に、「報告書➡決算短信の訂正➡処分」と、スケジューリングのきちんとした摺合せを行っていたものである。

結局、この時点での東京証券取引所の処分は、「改善報告書提出命令」のみであった。「特設銘柄指定」も「上場違約金命令」も出なかった。当社としては、いずれにしても今回の架空循環取引発覚を踏まえて、ガバナンス強化やコンプライアンスの徹底を遂行するつもりであったので、東京証券取引所に当社の改善について指導して頂けることは願ってもないことであった。また、これで監理ポストへ入れられる可能性が格段に低くなった。我々にとっては満額回答を得られたといっても良く、これまでの数か月の苦労が少し報われた気がした。

尚、東京証券取引所の担当官からは、次のような指示、指導があった。

① 「東京証券取引所のルールとして、5年間で3度処分を受けると上場廃止とする。貴社（GYC社）は数年前に適時開示で軽微ながら一度ミスを犯しているので、今回の処分で

2度目となる。万一次の『改善報告書』で不備があると3度目となりアウト（上場廃止）となるので気を付けるように。」

「『改善報告書』記載のポイントは、⑴原因と⑵経緯を明確に記載した上で、⑶今後の改善内容を具体的に記載すること。東証のホームページに他社事例が掲載されているので、それを参考にすれば良い。」

「提出までの間に何度かやり取りすることは構わない。1週間（結局10日後の11月17日となる）を目途に一度ワードで送って欲しい。」

②

「『改善報告書』に必ず織り込まなければならない内容は次の通り。

先ずは、GYLをGYPに合併させることは必ず入れること。しかし、問題があった会社を合併でなくしてしまい、これでは改善の必要性がなくなってしまうことになりかねない。また、商社的取引（再販品であるポール取引のこと）を単になくすだけの認識でも駄目である。即ち、グループ会社の運営そのものを強化する内容を入れて欲しい。」

「それを踏まえて、

(1)　規定、マニュアル関係の子会社への運用整備

(2)　運用の適正化（厳格な運用）

内部監査を充実させ、監査部門から指摘があっても改善されないことがないように

(3)　GYC本体のグループ会社に対するグループガバナンス、モニタリング強化
この3点を『改善報告書』の中で具体化すること。」
③「会社が『改善報告書』を提出し、東京証券取引所がそれを受理してから6か月後に『改善状況報告書』を提出してもらう。この提出の1か月前に、そのドラフト版を送って欲しい。それを確認した後、東京証券取引所自ら貴社の京都本社を訪問し、直接改善状況を確認する。」
④「本日午後2時半に、東京証券取引所上場部よりGSユアサに対する『改善報告書提出命令』を行ったことを公表する。会社は命令を受けたことを午後4時以降に開示してもらって結構である（実質会社も開示するようにと言われたと理解した）。」

これらの指示・指導があった。間違いのない「改善報告書」を会社に提出させる意図を感じ取った。むしろ、押さえるべきポイントを明確に示して頂き、大いに参考になった。また、処分内容と言い、このアドバイスと言い、我々は勇気をもらった気がした。

第4項　SESC（証券取引等監視委員会）の感触

東京証券取引所の方向性は概ね見えて来たが、他方でSESCの動きはその時点でどうだったのか。11月10日（月）の外部調査委員会で、A総合法律事務所の弁護士より、次の様な報告があった。

「SESCが基礎調査に入ったという明確なメッセージは今のところない（基礎調査に入るということは課徴金を課す前提となる）ものの、東京証券取引所への「改善報告書」提出のケースで課徴金を課す可能性はフィフティー・フィフティーであり、未だ油断は出来ない。課されるか否かのポイントは

(1)　量的側面／利益への影響度

(2)　質的側面／長期にわたるGYL社マネジメントの問題の大きさ

と考えられる。いずれにせよ、課徴金命令が下されるまでには基礎調査から5～6か月はかかるだろう。それまでに調査や呼び出しがかかるはずである。」

一方、同じ事務所のZ弁護士（元検事でこういった事案に詳しい）から、「そうは言っても『改善報告書』提出命令から間を置かずに課徴金命令が下されるケースもある。2～3週間の範囲でSESCからのヒアリングがあるかもしれない。基礎調査に移行するかどうかは、年内には

決着するかもしれない。」という発言があった。いずれにせよ、基礎調査に入るということは、金融庁長官に調査勧告がなされるようであり、今回の当社の事案がそこまで上るレベルのものであるとも思えず、Z弁護士の言うように年内にはその帰趨は明らかになるのではないかと感じた。

その後、結果としてSESCからは一切会社へのコンタクトはなく、課徴金を課せられることもなかった。

第5項　「改善報告書」

11月14日（金）の第2四半期の決算発表も無事に終了し、その翌週の21日（金）に東京証券取引所に改めて呼ばれ、午後3時に当社代表取締役であるU副社長を帯同の上、訪問した。「改善報告書」を提出するためであるが、事前にそのドラフト版を送付していたこともあり、その内容の説明は求められず、東京証券取引所からは「訓戒」の処分を受けた。これが、以前に東京証券取引所が説明してくれた正式な処分内容であり、いわゆる当社にとっては2枚目のイエローカードに相当するものである。サッカーとは違い5年間累積され、3枚目のイエローカードを受けるとレッドカード（市場からの退場）となる。

併せて、東京証券取引所からは、「経営者としてどう思っているのか。」ということに加えて、「半年後に改善の確認に会社を訪問します。万一、改善が出来ていなければ、より厳しい措置を発します。きちんと出来ていることを楽しみにしています。」と、上場課長から付け加えの発言があった。

これを踏まえて、来年（２００９年）５月28日（木）頃に「改善状況報告書」を提出すること。また、その１～２週間前に東京証券取引所が当社を訪問すること。更に遡って、ゴールデンウィーク明け頃に報告書を事前提出し、その後それをブラッシュアップして、より良い形に変更した上で、最終提出すること等の段取りを確認した。

最後に、本日16時半に東京証券取引所がＧＳユアサの「改善報告書」を受領したことを開示、即ち公衆縦覧するので、会社側は17時以降にその旨を開示するように指示を受けた。

「改善報告書」のハイライトとして、ここでは目次のみ記載する**（資料４参照）**。

【改善報告書】（目次のみ）

第１　経緯

1．過年度決算短信等を訂正するに至った経緯
(1) 過年度決算短信等を訂正すべき事由の認識と外部調査委員会の設置
(2) 外部調査委員会による調査結果
ア 本件取引の概要
イ 本件取引の関与者
(3) 過年度決算短信等の訂正
2．過年度決算訂正の内容

第2　改善措置

1．不適切な情報開示等を行った原因
(1) 元所長による本件取引の開始及び継続の動機
(2) 本件取引が長期間発見されずに見過ごされてしまった原因
ア リスク管理体制の不備及びコンプライアンス意識の欠如
イ モニタリングにおける問題点
(ア) 持株会社としての当社によるＧＹＬに対するモニタリング
(イ) ＧＹＬ内部におけるモニタリング
a ＧＹＬ経営陣及び管理職によるモニタリングの欠如

b　他の部署からのモニタリングの欠如
c　営業所内におけるモニタリングの欠如
d　業務フロー上のモニタリングの欠如
(a)　基本的契約書の締結・管理
(b)　与信限度額の把握
(c)　滞留売上債権管理
(d)　買掛金債務に関する取引先からの残高確認書に対する対応
(e)　売上計上時期
(f)　現物確認の不実施
e　監査役によるモニタリングの欠如
ウ　情報収集体制の機能不全
エ　その他の原因
(ア)　人事配置の滞留
(イ)　事業計画、予算管理方法の問題
2.　再発防止に向けた今後の改善措置
(1)　当社グループにおけるコンプライアンス意識の改革

ア　コンプライアンス教育の実施
イ　コンプライアンス調査
(2)　当社グループの連結子会社を対象とした内部監査の充実
（内部監査の実施方法の厳格化及び問題事項のフォローアップの徹底）
ア　内部統制システムの構築
イ　監査室の体制強化
(3)　当社の経営陣及び子会社管理部署による連結子会社及び孫会社のモニタリング体制並びに当社グループ全体としてのモニタリング体制の構築
ア　当社の経営陣による連結子会社のモニタリング
イ　子会社管理部署による連結子会社のモニタリング
ウ　当社グループにおける従業員からの情報の伝達制度の整備
(ア)　内部通報制度
(イ)　外部通報制度
エ　人事制度の見直し
(ア)　人事ローテーション
(イ)　人事交流の活発化

オ　GYL（照明事業部門）における監視活動の強化

(ア) 当社グループ事業体制の見直し

(イ) 他の部署からのモニタリングの強化

(ウ) 各営業所内におけるモニタリングの強化

(エ) 業務フロー上におけるモニタリングの強化（購入再販品のみの取引の禁止）

(4) 連結子会社における規程及びマニュアルの整備及び運用の改善

ア　GYL（照明事業部門）における規程及びマニュアルについて

(ア) 与信管理マニュアル

(イ) GYL（照明事業部門）の業務分掌規則及び職務権限規則

イ　GYL（照明事業部門）以外の事業子会社、GYP[26]の事業本部及び孫会社における規程及びマニュアルの整備及び運用の改善

(ア) 売上債権管理規程、与信管理マニュアル等

(イ) 業務分掌規則、職務権限規則

3. 各種改善措置の実施スケジュール

(1) 当社グループにおけるコンプライアンス意識の改革

(2) 当社グループの連結子会社を対象とした内部監査の充実

（3）当社の経営陣及び子会社管理部署による連結子会社及び孫会社のモニタリング体制並びに当社グループ全体としてのモニタリング体制の構築
（4）連結子会社における規程及びマニュアルの整備及び運用の改善
4．関係者の処分
（1）本件取引の実行行為者（GYL千葉営業所元所長）
（2）GYL役員
（3）当社取締役
（4）当社監査役
5．不適切な情報開示等が投資家及び証券市場に与えた影響についての認識

注26：中核事業子会社の略称

以上が主な内容である。

尚、これに資料4末尾に掲載した「別紙1」として「過年度の決算の訂正」「当期業績への影響」を、「別紙2」として「2008年10月1日　ジーエス・ユアサグループ組織図」「2009年2月1日　ジーエス・ユアサグループ組織図」を添付した。

いずれにせよ、この「改善報告書」の構成は、一部を除いて外部調査委員会が10月28日に出した「外部調査委員会報告書」の考え方及び指摘事項をそのまま受け入れ、実行に向けた具体的な案をまとめたものであることを理解して頂けよう。また、会社自らが、これを契機に、率先して抜本的なガバナンス改革、コンプライアンス強化に取り組む姿勢を明らかにしたものに他ならない。

それはともかくとして、「改善報告書」をフィックスさせる最終段階で、些細なことではあるが、一つの問題が発生した。それは、取締役・監査役の処分においてである。最終的には、

「（　略　）以下の通り報酬を返上いたします。

・〇〇（氏名）　報酬月額〇〇％を3か月減額」

という表現としたが、この「返上」という表現は、一旦満額を本人が受け取った後、その内の〇〇％を返上することになるのではないか。そうすると、所得税上の考え方では、本人が100％報酬を受け取ったものを計算ベースとしなくてはいけないのではないか、ということである。これに対し、「カット」「減額」というものは、予め減額された後の報酬により所得税が計算されることになり、税額面では少なくて済むことになる。

しかしながら、「返上」の方がより取締役・監査役の責任の自覚を示せると思われ、冒頭の表現では「返上」を用い、個々人の記載には「減額」とすることにより、税務面での対応とした。詭

弁のように思われるかもしれないが、ここで言いたいのは、これ以外のことも含めて様々なことを、そこまで細かく、あらゆる方面から検討を加えていたということである。

第６項　東京証券取引所からの確認作業と「改善状況報告書」

２００８年11月21日に「改善報告書」を東京証券取引所に提出してからおよそ半年間をかけてこの「改善報告書」に記載した、または東京証券取引所をはじめとした社外のステークホルダーに対して約束をした、それらの項目を会社は愚直に実行していった。実行のために、会社は「コンプライアンス改善プロジェクト」を立ち上げた。筆者もその中核メンバーとして参画した。そしてその進捗状況を確認するため、定期的にプロジェクト会議を実施した。11月20日のキックオフミーティングに始まり、２００９年４月29日の最終ミーティングに至るまで都合15回開催し、夫々のパーツの改善度合いをモニタリングすることにより実りある改善となるように手を尽くした。

そして、これら改善状況を、２００９年４月10日（金）に東京証券取引所へ報告するために訪問した。この時には来月（５月）提出する予定の「改善状況報告書」のドラフト版を持参し、その事前相談をするための訪問であった。

この場での東京証券取引所からのコメントは次の四点であった。

① 不正防止は個別会社に限ったものではなく、連結財務諸表に与えるインパクトを考慮し、全体で取り組むべきものである。特に海外子会社に対して手を打って欲しい。当然、日本国内子会社と温度差があっても構わない。また、5月の提出日までに全てをやり切れとは言わない。今後どう進めていくかを「改善状況報告書」の中に明記してくれ。勿論、ローテーションについても、海外子会社を含めて検討して欲しい。

② 東京証券取引所が会社を訪問する時には、経営者のモニタリングがしっかり出来ているかを、会議体の議事録で確認する。そのための準備をしておいて欲しい。

③ 「改善状況報告書」の中には、GYL社のみならず、それ以外の「購入再販品のみの販売禁止」をする考えを明記して欲しい。

④ 規程をいくら整備しても守られなかったケースが数多くある。要は実効性に対する押さえが肝要である。そのつもりをするように。

以上が東京証券取引所からのコメントであったが、ここで一つ悩ましい事象が生じた。それは上記③のGYL社以外の「購入再販品の販売禁止」の是非であった。当社では、GYL社のポール以外に自動車用鉛蓄電池の販売会社であるジーエス・ユアサ　バッテリー株式会社（ＧＹＢ社）における音響商品（カーオーディオやナビゲーションシステム）やジーエス・ユアサインダストリー株式会社（ＧＹＩＤ社）特機事業部における小型充電器等の「購入再販品」のみの取引が存在していたためである。

当社としては、今回問題を起こしたＧＹＬ社の「購入再販品の販売禁止」は当然完遂するものの、これ以外については如何なものかという議論が生じた。結局、これらは財務統括部に所属する業務指導グループによる取引の実在性確認を今後しっかり行うことを前提に、販売禁止とはせずに継続して行うこととした。尚、これらについては、東京証券取引所へしっかりと説明し、その上で容認してくれた。

こうしたことを経て、５月29日（金）に東京証券取引所の担当監督官が当社の京都本社へ確認作業のため来社した。それは、９時半から15時半まで確認・点検が行われた。

先ず、最初に１時間程度をかけて、経営者に対してのヒアリングがなされた。これには当社のＹ社長が専ら対応した。主なヒアリングポイントは６点あったと記憶している。（Ｑは東京証券取引所からの質問、Ａは当社からの回答）

①　事案の概要について

Q　ＧＳユアサは大きな会社であり、持ち株会社形態を取っている。２００４年にＧＳ（日本電池）とユアサが経営統合して出来た会社だが、その経緯、統合後の組織改編の状況、今後の組織形態をどうするつもりかを聞かせてくれ。

A　２００４年４月に経営統合した。従来、日本の鉛蓄電池業界は５社あり、日本電池とユアサは１位・２位を争う会社であった。

一方、日本の鉛蓄電池市場は縮小傾向にあることもあり、過剰生産設備を抱える状態にあった。我々にはお互い相当の危機感があった。これに対して、世界に目を転じると、市場は３社の米系企業[27]に集約されつつある。こうした流れに飲み込まれないように考えた。ＧＳ、ユアサは共に独立系であり、他の３社には親会社[28]がある。再編するとすれば、ＧＳとユアサの両社しかなかった。しかしながら、両社は会社の設立（ＧＳは大正７年、ユアサは大正８年）、規模、業態等非常に良く似た会社であり、これらが一緒になることは本来難しい。そうしたこともあって、単純合併の方式は選ばず、持株会社制度を採用した。統合当初は、事業・管理部門を11社に分解し、各々で統合の促進を図ったが、これには別の問題[29]もあったため、合併を繰り返し、現在に至っている。今後は持株会社制から事業会社も含めて一つにすることもあり得る。これは効率化にもつながる[30]。

注27：当時のJohnson Control（現CLARIOS）、Exide、Ener Sysの以上３社を指しているものと解釈する。

注28：当時の同業者３社は次の通り。新神戸電機の親会社は日立化成、松下電池工業の親会社は松下電器産業、古河電池の親会社は古河電気工業。

注29：持株会社制を見直す検討を行った最大の問題点は、11社の子会社に赤字・黒字のバラツキが出ていたことである。この結果、過大な税負担となってしまっていた。

尚、経営統合時、連結納税制度は採用していなかった。そのため、当時の制度では、この時点で連結納税制度を新たに申告することはこれまでの繰越欠損金を放棄することになり、選択しがたかった。結果として、当時は税負担を容認せざるを得ず、これの代替策として税制適格合併を繰り返して税負担の適正化を目指した。

注30：ＧＳユアサグループは現在でも持株会社（ＧＹＣ社）と中核事業子会社（ＧＳユアサ、通称ＧＹ社と言う）の２社体制としていて、一つにまとめることはしていない。それにはクリアすべき課題が多くあり、実現には至っていない。その課題とは、

(1)　合併すれば、吸収会社である中核事業会社ＧＹ社の税務上の繰越欠損金を放棄することになり、税務メリットを失う可能性があること。

(2)　存続会社である持株会社ＧＹＣ社の配当可能な利益剰余金が潤沢にある訳ではなく（経営統合方式を取ったため、旧上場会社の利益剰余金が引き継げず、資本剰余金に算入されていた）、吸収会社である中核事業会社の累積損失（経営統合直後のリストラクチュアリングに伴い、大きな損失を計上していた残滓があった）を受け入れると、利益余剰金がなくなり数年に渡り株主配当が難しくなる可能性があること。

これらの課題は、時が経つにつれて（今後の利益の積み上がりに伴って）解消されるものであるが、もう一つ、

(3)　足もとの米国人持株比率の増加に伴い、米国基準による財務諸表の作成を米国の証券取引所（上場していなくても）より求められる恐れがあり（米国人株主保護の観点だそうである）、当面日本基準による財務諸表作成を会社の方針とする場合には、日米両基準に基づく財務諸表の作成をしなければならなくなり、業務負担が重くなること。

ということもあり、実現には至っていない。

②　千葉営業所不正発見の経緯について

Q　千葉営業所の不正を発見するに至った経緯について説明せよ

A　きっかけは2008年7月のグループ事業会議（主要事業部門責任者が毎月集まり、事業の進捗状況を報告し、今後の対応を協議する場）で私（Y社長）が売上債権の多さを指摘したことから始まった。

元々、GYL社は旧日本電池単独の事業で（旧ユアサにはなかった）、売上規模は年間100億円レベルであると認識していた。それが経営統合後、150億円～200億円を狙える状況になって来た。

伸びた要因は、(i)UV（紫外線照射装置）事業と(ii)施設照明の千葉営業所の二つであっ

た。特に、千葉営業所は以前幕張メッセの案件を獲得し、それ以降順調に売上を伸ばしていた。しかし、売上の割には利益が出ない。加えて、工事の売上が多かったのである。

事業の責任者（GYL社のC元社長のこと）は、「儲からず、回収に時間がかかり、実質赤字（営業キャッシュフローがマイナスのことか？）なので、今後縮小していく。」との意向表明をしていたのだが、一向に減らなかった。

そこで今回、「現地（千葉営業所のこと）がGYL社長の方針に反するのはおかしい。一度内容の精査と回収の遅れの理由をしっかり調べるようにしてくれ。」と指示を出した。また、財務担当役員（M常務取締役で、彼はライティング事業担当役員でもあった）にも調査するように命じた。これらの調査から不正を知るに至った。

③　改善内容と取り組み姿勢について

Q　改善の内容と取り組みへの思いを説明してくれ。

A　発生原因は大きく分けて二つあると考えている。

先ず第一には、従業員の意識、モラルの欠如があげられる。これに対しては、不正に手を染めてまで目標を達成したいと考えるような風土を改めていくつもりである。

二つ目は、業務の仕組みに問題があった。具体的には、商社的ビジネスの認識が欠如していたということである。特に、GYL社では不正が出来る構造になっていた。この構造を、不正に繋げない工夫をして、改善して行きたい。

④ リスク管理について

Q 取締役会でのリスク管理はどのようにしていたのか?

A 従来より、事業会社毎のリスク管理委員会でリスクのチェックをしていたが、万全ではなかった。今後は、従来以上に取締役のチェックを強化したい[31]。

注31：残念ながら、この時点では具体的なチェックの強化内容は示せていなかったが、その後しっかりとした仕組みを作っている。

⑤ 損害賠償請求について

Q 関係者に対する損害賠償請求についてはどうするつもりか?

A 最終的には、外部調査委員会の意見を参考にして請求するか否かを決定する。但し、GYL社監査役（GYC社元監査役でGYL監査役を兼務していた者を意味する）については、そこまでの責はないだろうとの顧問弁護士からのアドバイスもあり、請求の対象から外したい。

　ＧＹＬの元社長（Ｃ氏）、元営業部長（Ｊ氏）は、ある時点で知りえた可能性がある。仮に、その時点で措置を講ずれば、（架空の益金をもとに納税していたという意味で）余計に税金を支払う必要もなかった訳だし……。いずれにせよ、彼らは会社に対して確実に損害をかけている。そういった意味で、損害賠償請求の対象になり得る。

⑥　監査役、監査法人について

Ｑ　（業務遂行面での）監査役、監査法人の対応はどうであったか？

Ａ　監査役とは定期的に会議を行っている。その会議の場で何度もＧＹＬ社の売上債権の増加を取り上げていた。今後はもっと両者で目を光らせる必要がある。また、監査役との情報の共有化をして行くことを両者で確認している。一方、監査法人とは年２～３回経営者ディスカッションを行い、諸問題を共有化している。

　このような、Ｙ社長との質疑を経た上で、三時間程度をかけてＹ社長が答えたそのエビデンスとなる諸会議の議事録を確認した後、東京証券取引所の担当監督官より最終的な総括が行われた。そこには、３つのポイントがあった。

① 全体的なコメント

「改善報告書」が提出されてから6か月が経ったが、これは短い期間であった。今後、経営陣は継続的に改善を行う必要がある。

今回のケースも、内部監査で良いところまで調べていたが、最後までたどり着けなかった。そして、フォローが出来ていなかった(次の監査に繋げられていなかった)。制度が立派でも、魂が入っていなければ駄目である。運用面やフォローアップは大切である。監査は現場から嫌われる部署であるので、社長直轄で行うべきだ[32]。

注32：従来の担当役員は副社長が担っていた。

② 人事異動について

業務の効率性を踏まえて、異動させられないということが不祥事の温床になるケースが多い。効率性とチェック体制のバランスが重要である。

③ 海外子会社について

何だかんだと言っても、国内の場合はまだ実行し易い。GSユアサも6か月間でかなり体制の強化が出来ている。

しかし、ＧＳユアサは海外売り上げも多い[33]。海外対応は、この６か月で十分に出来るものではないと認識しており、継続的に改善することを求めたい。特に、粉飾、カルテル等々について。海外はどうしても目が行き届かないケースが多い。日本人の出向者がいない場合もあるだろう。よろしくお願いしたい。

注33：ＧＳユアサグループの海外売上比率は約５割程度。

こうした東京証券取引所からの当社現地訪問を踏まえての総括を、会社としてしっかりと受け止めて、翌週６月３日（水）午前９時から開かれた臨時取締役会にて承認を得た「改善状況報告書」を当日午後３時に東京証券取引所に筆者自らが訪問し、提出するに至ったのである。この19頁にもわたる「改善状況報告書」は、勿論、昨年11月21日に提出した「改善報告書」の各項目毎に現時点での実施状況を詳細に記したものであるが、この場では目次だけを抜粋することとする（**資料５参照**）。

【改善状況報告書】（目次のみ）

(4)　その他の原因
　人事ローテーション・計画策定

2，改善策
(1)　当社グループにおけるコンプライアンス意識の改革
ア．コンプライアンス教育の実施
イ．コンプライアンス調査
(2)　当社グループの連結子会社を対象とした内部監査の充実（内部監査の実施方法の厳格化及び問題事項のフォローアップの徹底）
ア．内部統制システムの構築
イ．監査室の体制強化
(3)　当社の経営陣及び子会社管理部署による連結子会社のモニタリング体制並びに当社グループ全体としてのモニタリング体制の構築
ア．当社の経営陣による連結子会社のモニタリング
イ．子会社管理部署による連結子会社のモニタリング
ウ．当社グループにおける従業員からの情報の伝達制度の整備
エ．人事制度の見直し

3. 内部監査の充実
(1) 内部統制システムの構築
(2) 監査室の体制強化
4. モニタリング体制の構築
(1) 当社の経営陣による連結子会社のモニタリング
(2) 子会社管理部署による連結子会社のモニタリング
ア. 業務指導グループによる取引の実在性確認
イ. 関係会社管理グループによる孫会社のモニタリング
ウ. 関係会社管理グループによる孫会社業績検討会
(3) 従業員からの情報の伝達制度の整備
ア. 内部通報制度の改善
イ. 外部通報制度の導入
(4) 人事制度の見直し
ア. 人事ローテーションの実施
イ. 人事交流（GYLと他の当社事業子会社との間）
(5) 監査役によるモニタリング

(6) GYLにおける監視活動の強化
ア．当社グループ事業体制の見直し
イ．他の部署からのモニタリングの強化
ウ．各営業所内におけるモニタリングの強化
エ．業務フロー上におけるモニタリングの強化

5．連結子会社における規程及びマニュアルの整備及び運用の改善
(1) GYLの規程及びマニュアルの整備及び運用
(2) GYL以外の当社事業子会社（事業本部を含む）における規程及びマニュアルの整備及び運用
ア．売上債権管理規程、与信管理マニュアル等
イ．業務分掌規則、職務権限規則

6．海外孫会社関係
(1) コンプライアンス研修
(2) 経営陣によるモニタリング
(3) 孫会社管理部署によるモニタリング
(4) 人事制度の見直し（人事ローテーション、3名以上体制）

(5)　規則・規程等
①　職種により従業員を採用（8社）
②　従業員を採用後、担当部署を決定（10社）

２００８年11月21日に提出した「改善報告書」に基づいて実行して来た改善内容を記した今回の「改善状況報告書」であったが、これらをまとめる過程において、これまで当社が、いかにコンプライアンスやガバナンス面で、その仕組みが甘かったか、を痛感せざるを得なかった。よく経理部門は「性悪説」に立って職務を遂行すべしと言われていたが、筆者は、経理部門に来る前に13年間人事・労政部門に籍を置いていたこともあって、生意気にも、経理部門と言えども「性善説」に立って、従業員を信頼して仕組みを構築した方が良いように思っていた。ところが、今回、本事案において、以下に筆者の考えが理想論であったかに気づかされた。勿論、このことは、いつも従業員を疑ってかかれと言っている訳ではない。大切な従業員を、ふとした心の迷いから間違った方向に行かせないための仕組みであり、それこそが従業員を守るということに繋がるのである。

今回、この「改善報告書」及び「改善状況報告書」に記載した内容の基本線は、十数年経った今でもGSユアサグループでは堅持されている。そして、その上で、更に強化したところもあるし、また、一部廃止したものは、必ず他の方法できちんと代替出来ている押さえをしているものと確信している。

第10章

エピローグ

得られた教訓とその後の事業発展

本事案は2009年6月3日をもって一つの区切りを迎えた。何よりも大きかったことは、東京証券取引所の処分が、「監理ポスト→上場廃止」や「課徴金」といったものではなかったということである。加えて、金融庁からも特段の処分も出なかった。

この段階で今でも忘れられないことが二つあったので紹介しておく。

一つは、6月3日直後に外部調査委員会委員長であった町田先生（弁護士）から直接筆者に電話が掛かってきたことである。その趣旨は「中川さんに一言お疲れさまと言いたくて電話しました。こういった不正会計に絡む不祥事の対応で一番苦労するのは財務部長（当社では財務統括部長）ですからね。本当にご苦労様でした。」というねぎらいの言葉であった。筆者は鈍感なのか、それまでそんなに思っていなかったのだが、改めて自分でもやり切った気持ちが湧いてきた。高名な先生からの温かいこのお言葉に感激したことを覚えている。

もう一つは、ほぼ全ての片が付いたこの時点で、発覚当初に千葉営業所へ調査のため派遣した経理社員二人に対して、改めて「よく頑張ってくれた。ありがとう。」と声をかけた際に彼らから帰って来た言葉である。「中川さんの指示が、他の誰が何と言おうが、ぶれなかったので助かりました。」と言うのである。彼らは間違いなく筆者を褒めてくれているのである。しかし、聞きようによれば、筆者が誰の言うことも聞かずに暴走をしているようにも取れる。まあこういった緊急事態の際に、正しいと思うことに突き進むことはむしろやむを得ないことでもあるのであろう。

総括して、先にも記述したことであるが、当社として不幸中の幸いであることが二つあった。一つは、本事案が発覚したのが第1四半期決算発表直後の8月中旬頃であって、次の第2四半期決算報告書を出すまでに少し時間的余裕があったことである。それでも時間的にはタイトであったのだけれども、何とか実態調査や過去の決算の訂正作業、そして訴訟・告訴に、再発防止策の立案等々、これら膨大な対応を完遂することが出来たのである。3か月近い猶予があってもギリギリの状況であるので、仮にこれが決算発表の1か月前であるとか、直前に発覚したのであれば、決算を決められた通りのタイミングで行うことが出来ず、それにより、東京証券取引所から「監理ポスト」行きの処分を受けかねなかった。口の悪い外部の関係者から「もう少し前に発覚していたものを、自分たちの都合の良いようにわざと遅らせたのではないか。」と言われたこともあったが、全くもってそのようなことはない。万一、そのようなことをして、それが発覚でもすれば、それこそ市場から一発退場となる。

二つ目は、不祥事による株価下落が見て取れなかったことである。一般的にこうした架空循環取引という粉飾決算では、大きな損失処理を伴ってしまう。事実、当社においても70数億円の損失処理を行った。加えて、レピュテーション（風評被害）リスクも予想される。その結果、株価には当然ネガティブインパクトを与えることになる。下手をすれば、既存株主から株価下落に対する損害賠償請求を求められる株主代表訴訟を起こされかねない。

我々も、この点を強く意識して、株価動向は常に注視していたが、たまたまこれと同時期にサブプライムローン問題に端を発したリーマンショックが重なり、これによる株式市場全体の下落が、当社の不祥事による株価下落を、かき消してしまったのである。結局、不祥事に伴う損害賠償請求や経営責任を問う声が上がることはなかった。

いずれにせよ、東京証券取引所の指摘も踏まえて、当社としては、「改善報告書」「改善状況報告書」に記載した内容を、その後も愚直に実行し続けた。そして、更に積極的にコンプライアンスやガバナンスの改善、レベルアップに取り組み続けた。

２００８年4月には、経営統合して満4年が経ち、統合当初の経営の混乱、人員や資産のリストラクチュアリングをようやく終息させることが出来た矢先のこの不祥事を、当社は何とか乗り越えることが出来た。最終的には「ひと冬」を越してしまったが、筆者の「２００８年の暑い夏」がようやく終わったのである。

これと前後して当社は車載用リチウムイオン電池事業を本格的に立ち上げ、三菱商事株式会社、三菱自動車工業株式会社と当社の3社で株式会社リチウムエナジージャパン（２００７年

12月設立、現在はGSユアサに事業を譲渡）に続き、本田技研工業株式会社と株式会社ブルーエナジー（2009年4月設立）を相次いで設立した。これらの設備投資の資金ニーズ等もあり、その後に公募増資やユーロ円CB（転換社債）発行等の資金調達を行い、会社を浮揚、飛躍させるべく突き進むことになる。

そういった意味で、この事案は、当社にとって重要なエポックメーキングとなったのである。

あとがき

筆者にとって、このような文章を書籍にまとめることは初めての経験である。拙い文章を最後まで我慢して読み切っていただいた読者に、先ずは感謝を申し上げたい。

既に読んでいただいている間にお気付きであろうが、こういった不祥事である不正会計（架空循環取引）が生じた場合に、会社としてどういった対応をしていかなければならないのか、またその中で財務部門の責任者はどのような役割を果たさなければならないのか、これらがある程度ご理解いただけたのではないだろうか。筆者が思うに、こう言った際には、「最低限のことをなす」という発想では駄目であり、これでは会社のステークホルダー全てからの支持や理解は得られない。近年のネット社会ではなおさらである。「やれることは何でもやる」「やりつくすまでやる」「そこまでやるのか」といった発想で、実態把握、原因究明、同種調査、そして歯止め策を構築しなければならないと考えている。

加えて、もう一つ申し上げたいのは、こういった不祥事は起こさないことがベストなのである。一人の不届き者が不正を起こし、それを長年見落としてしまうと、今回記したような膨大な対応を会社は強いられることになる。今回は筆者の周りで対応した事柄を中心に記したが、筆者が担当する部門の人達、また法務部門、広報部門、人事総務部門、そして該当事業部門それぞれ筆舌に尽くしがたい辛酸をなめたはずである。しかもこれらは通常業務と同時並行で行わなければならない。

そのためにも、不正を起こさせない仕組みづくりが何よりも大切である。世間でも企業のガバナンスやコンプライアンスの重要性を言われているが、素晴らしい仕組みを作ったとしても、それが有効に機能し続けるかが肝要である。「仏を作って、魂入れず」では意味がない。また、時と共に世の中は複雑化、高度化していく。制度の適切なメンテナンスも忘れない。不祥事に直面して改めて、これらの大切さを身に沁みて感じた。読者の皆さんも是非このことを今後の会社経営に生かして欲しい。

いずれにせよ、２００８年にＧＳユアサグループで発生した不正会計（架空循環取引）を書籍としてまとめようと思い至ったのは、このような事象が発生した際に経営層や財務部門責任者がどのように対処しなければならないかを、実務者自身が記すことに意味があると考えたからである。法律的、経理的な見地からみた不正会計発生時の対処策は、それら専門家の書籍に委ねたい。筆者はそれとは違った側面からアプローチすることに意味があると確信している。

最後に、当時の関係者、特に本件架空循環取引に対応した社長以下の社内調査委員会メンバー、色々指導して下さった調査委員会メンバーや総合法律事務所の弁護士先生方には改めて謝意を申し上げたい。また、決算の訂正に携わった会計監査人の公認会計士の先生方、そして財務部門長である筆者を支えてくれた全ての部下達のご苦労には敬意を表したい。

今回、作成した草稿段階の文章を、京都大学名誉教授で京都先端科学大学経済経営学部長の徳賀芳弘先生に目を通して頂き、感想をお聞かせ頂いた。ご迷惑をおかけしたことをお詫び申し上げるとともに、改めて感激している。更に、筆者の原稿を書籍に仕上げるまでに多くのアドバイスを株式会社大垣書店出版部部長の平野篤相談役より賜わった。ある意味本書の第一号のそして最大の読み手となって下さったことに感謝を申し上げたい。

資料

資料目次

【出展】

資料１～５　株式会社ジーエス・ユアサコーポレーション
　　　　　　ホームページより

資料６　　　著者備忘録より

GS YUASA

News Release

株式会社 ジーエス・ユアサ コーポレーション
お問い合わせは　広報室
〒601-8520 京都市南区吉祥院西ノ庄猪之馬場町1番地　TEL.075-312-1214　FAX.075-312-0493　http://www.gs-yuasa.com/jp

2008年9月19日

当社子会社の不適切な取引について

このたび、株式会社 ジーエス・ユアサ コーポレーション（社長：依田 誠、本社：京都市南区。以下、当社）の連結子会社である株式会社 ジーエス・ユアサ ライティング（社長：前野 秀行、本社：京都市南区。以下、GYL）の千葉営業所（千葉市中央区）において、同営業所の元所長が複数の取引先との間でいわゆる循環取引（以下、本件取引）を行っていたことが判明し、当社の連結業績に影響を与えることが明らかになったとの判断に至りました。

そこで、現時点における調査の状況および判明している本件取引にかかわる不適切な会計処理の概要ならびに今後の当社の対応方針について、下記の通りお知らせいたします。

当社の連結子会社において、このような不適切な会計処理が発生したことは誠に遺憾であり、また、株主および取引先をはじめ関係者の皆様には多大なるご迷惑とご心配をおかけしますことを、深くお詫び申し上げます。

記

1．不適切な会計処理が判明した経緯

今年７月下旬、当社の社内会議において、ＧＹＬ千葉営業所の売上金額が事業規模に比べて大きい旨の指摘があり、ＧＹＬ千葉営業所の事業内容について調査を開始いたしました。その調査の過程で、今年８月、ＧＹＬの一部の従業員からの供述および一部の取引先からの聴取により、ＧＹＬ千葉営業所で計上された売上の中に、実体を伴わない疑いのある取引にかかわるものがあることが確認されました。その後、さらに調査を行った結果、同営業所において、少なくとも平成１６年４月から平成２０年７月まで、複数の取引先との間で取引実体を伴わない売上および仕入を計上する本件取引が行われていることが判明しました。

2．現時点で判明している不適切な会計処理の概要

本件取引および本件取引にかかわる不適切な会計処理について、現時点においては全容解明には至っておりませんが、現在までに判明している不適切な取引および会計処理の概要をご報告いたします。

このたび判明した不適切な取引および会計処理は、GYL千葉営業所の元所長が、少なくとも平成16年4月から平成20年7月までの間、複数の取引先との間で実体のない循環取引を繰り返し行った上、GYLの各事業年度において係る循環取引による架空の売上および仕入を計上したものです。

現時点までの調査では、平成20年8月末の売上債権残高の中で、回収に疑念の生じているものは約75億円となります。今後、引き続き本件取引にかかわる不適切な会計処理の詳細および各事業年度の財務諸表などへの影響額についてさらに調査を続けてまいります。なお、上記の数値は社内調査に基づく金額であり、外部調査ならびに機関決定を受けたものではありません。

3．過去の財務諸表などへの影響および訂正報告書作成の状況

今般判明した不適切な会計処理による今期および過年度の財務諸表などへの影響額につきましては、現在、公認会計士などの専門家の協力を得ながら鋭意調査しておりますが、上記の通り、過去の複数年度において行われており、その発生時期の特定にまでは至っていないことなどから、現時点では必ずしも明らかとはなっていない状況にあります。当該影響額については、鋭意調査を進め、把握でき次第、速やかにご報告申し上げます。

また、当社が平成17年3月期から平成20年8月までに提出しました有価証券報告書、半期報告書および四半期報告書につきましては、本件調査によりその数値が明らかになった段階で速やかに関東財務局に対して訂正報告書を提出する予定です。また、今期および過年度の決算短信の訂正につきましても、同様に、本件調査によりその数値が明らかになった段階で速やかに開示する予定であります。

4．今後の対応（外部調査委員会の役割等について）

当社取締役会は、今回の事態の発生につき、株主および取引先をはじめ関係者の皆様に多大のご迷惑とご心配をおかけいたすものと真摯に受け止め、①本件取引の迅速な解明、②当社の業績に及ぼす影響、③経営責任、④関係者の処分を含む再発防止策の策定につき的確な提言を受けることなどを目的にして、本日、公正かつ中立的な立場の弁護士および公認会計士からなる外部調査委員会を設置いたしました。外部調査委員会は次のメンバーにより構成されます。

委員長	町田　幸雄	西村あさひ法律事務所・弁護士
委　員	小泉　淑子	西村あさひ法律事務所・弁護士
委　員	霞　晴久	新日本有限責任監査法人・公認会計士

当社といたしましては、今後、外部調査委員会により厳正かつ徹底した事実関係および原因究明の調査を進め、不適切な会計処理の徹底的な洗い出しを行い、かかる不適切な会計処理が二度と起きないよう、有効な再発防止策を実施する所存です。

なお、外部調査委員会の調査の結果につきましては、その内容が確定次第、速やかに報告させていただきます。

今回お知らせいたしました不適切な会計処理につきまして、株主および取引先をはじめ関係者の皆様には多大なるご迷惑とご心配をおかけしますことを、重ねて深くお詫び申し上げます。

今後は同様のことを二度と起こさないとの固い決意の下、当社グループ全社員が一丸となって信用の回復に努めてまいりますので、何卒ご理解とご支援を賜りますようお願い申し上げます。

以上

≪添付資料≫

【GSユアサ グループ 経営体制(2008年3月31日現在)】

＜持株会社＞
㈱ジーエス・ユアサ コーポレーション

- ㈱ジーエス・ユアサ パワーサプライ
- ㈱ジーエス・ユアサ バッテリー
- ㈱ジーエス・ユアサ テクノロジー
- ㈱ジーエス・ユアサ ライティング
- ㈱ジーエス・ユアサ インターナショナル
- ㈱ジーエス・ユアサ ビジネスサポート
- ㈱ジーエス・ユアサ アカウンティングサービス

【株式会社 ジーエス・ユアサ ライティングの概要】

1. 社名	株式会社 ジーエス・ユアサ ライティング
2. 設立	2004年10月1日(旧日本電池株式会社の照明機器カンパニーを新設分割)
3. 資本金	9, 000万円
4. 従業員数	143名(2008年3月31日現在)
5. 所在地	京都市南区吉祥院西ノ庄猪之馬場町1番地
6. 営業拠点	東京支店・関西支店・中部支店・九州支店 北海道営業所・千葉営業所・中国営業所・京滋営業所
7. 代表者	代表取締役社長 前野 秀行
8. 事業内容	照明器、紫外線照射装置および付帯する電気機器の製造・販売・サービス

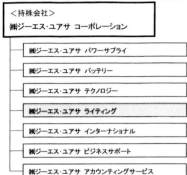

調査報告書

平成 20 年 10 月 28 日

株式会社ジーエス・ユアサ コーポレーション
代表取締役社長　依田　誠　殿

外部調査委員会

当委員会は、貴社(以下、「GYC」という)より、GYC の連結子会社である株式会社ジーエス・ユアサ ライティング(以下、「GYL」という)の千葉営業所における不適切な取引(以下、「本件取引」という)に関する調査を依頼され、これを実施したので、下記のとおり報告する。なお、本報告書は与えられた条件の下において、可能な限り当委員会において適切と考える調査分析を行ったものであるが、今後、GYC 又は行政機関等による調査の過程で新たな重要事実が発覚した場合等には、追加調査を行い、必要に応じて追加の報告を行う可能性があることに留意されたい。

記

第 1　外部調査委員会(以下「当委員会」という)の概要

1　当委員会設置の経緯

GYC は、GYL における不適切な取引の存在が発覚したことを受け、平成 20 年 9 月 19 日、公正かつ中立的な立場の弁護士及び公認会計士から組織される当委員会を設置した。

2　当委員会による調査の目的

当委員会は GYC の依頼により、①本件取引の迅速な解明、②GYC の業績に及ぼす影響、③経営責任、④関係者の処分及び⑤再発防止策の策定につき報告及び的確な提言を行うことを目的としている。

3　当委員会内部の委員の担当

外部調査委員会の 3 名の委員は、以下に述べる分担に基づき業務を実施した。なお、GYC は、自らが依頼した他の公認会計士との間で合意された手続きに基づく調査結果の報告(以下、「公認会計士調査報告」という)を当委員会に提出した。

(1) 弁護士の委員

関係者に対するヒアリングを実施するとともに、本件取引について、事実を解明するための証拠、GYC 及び GYL の経営責任を明らかにするための証拠を入手し、分析及び検討する。

また、上記のヒアリングの結果及び関係する文書資料（契約書等）を入手し、関係者の処分や再発防止策策定のための提言を検討する。

(2) 公認会計士の委員

公認会計士調査報告の利用に関する助言を行う。

本件取引について、その再発防止策策定にかかる助言を行う。

4　当委員会による調査方法等

(1) 概要

当委員会は、当委員会が設置された平成 20 年 9 月 19 日から本報告書を提出した同年 10 月 28 日までの間、以下のとおり、GYC 及び GYL より開示された資料の検討並びに GYC 及び GYL の役員、従業員(元役員、元従業員も含む)、その他の関係者に対するヒアリングを実施した。なお、ヒアリングは任意的な聴取にすぎず強制力を有しないため、ヒアリング内容については、物的証拠及び取引当事者その他の関係者の供述と照らし合わせることにより、その信用性を慎重に検討している。

但し、当委員会による調査手続きは、その時間的制約もあり、本件取引にかかる全ての資料を網羅的に検討したものではなく、また本件取引に関係する全ての当事者に対してヒアリングを実施したものでもない点に留意されたい。

(2) 調査方法の具体的内容

ア　関係当事者に対するヒアリング

本件取引の事実関係を明らかにするため、当委員会において、本件取引に直接関与していたGYL千葉営業所の元所長(以下、「元所長」という)及び本件取引にかかわったGYLの販売代理店の一部に対して、ヒアリングを行った。

また、特に本件取引の発覚が遅れた原因を解明し、元所長を含む関係者の責任を明らかにする観点から、当委員会において、元所長を監督すべき立場にあったGYC及びGYLの役員、従業員(元役員、元従業員を含む)に対しても、ヒアリングを実施した。

イ　伝票や証憑等の精査

当委員会は、GYCが調査を委託した他の公認会計士による公認会計士調査報告の提供を受けた。当該他の公認会計士は、元所長が本件取引を管理するために作成していた書面(以下、「再販売指示書」という)に基づき、千葉営業所において保管されていた取引伝票及び工事関連証憑等を検討し、さらに必要に応じて元所長に対し、千葉営業所において行われていた取引が実取引であったのか否かについての確認作業を行った。但し、公認会計士調査報告においては、本件取引に関する再販売指示書の大半が紛失しており、また本件取引が長期間にわたり行われていた関係で、元所長の記憶も曖昧であることから、本件取引の内容を完全に把握することができなかったため、客観的な証拠に基づいて実取引であると確定できた取引以外は全て実体のない本件取引と取り扱っている。

ウ　GYL作成にかかる取締役会議事録等の内部資料の収集及び分析

GYL作成にかかる取締役会議事録、幹部会議事録、中長期ビジョン、3カ年事業計画及び月次報告書の提出を受け、当委員会において、これらの資料を精査し、GYLの業績、施設照明事業部における予算及びその達成率、千葉営業所における売上実績並びに利益率について検討し、さらに千葉営業所を含む施設照明事業の収益構造、本件取引がGYLの業績に与えるインパクト、及びGYLの役員その他の管理職(元役員、元従業員を含む)による本件取引の認識可能性及び千葉営業所に対する監督監視体制等についての検討を行った。

エ　GYC 作成にかかる取締役会議事録等の内部資料の収集及び分析

GYC 作成にかかる取締役会議事録、GYL に関する GYC 取締役会決議、報告リスト、GYC 経営会議資料の一部、GYC の代表権を持つ取締役が実施した GYL に対する社長ヒアリングの際に使用された内部資料及び GYC の監査室が作成した内部監査報告書の提出を受け、当委員会において、これらの資料を精査し、GYC の取締役における本件取引の認識可能性及び GYC グループの内部統制システムの運用状況等についての検討を行った。

第2　本件取引の内容及び原因の分析

1　本件取引の内容

(1) 本件取引の態様

ア　本件取引にかかわった取引先の概要

本件取引は、他社製品の架空売買又は架空工事の請負を内容とする循環取引である。本件取引には、以下のとおり、GYL 代理店2社のみならず、照明関連施設、器具の大手代理店等も当事者として含まれており、現時点において明確に判明している限り、合計で8社が本件取引の当事者となっている。なお、当委員会では、D社乃至 H 社に対して、ヒアリングを実施することができなかったため、これらの当事者の本件取引の認識及び関与の程度については直接の検討の対象からはずしている。

(ア)　A 社は、各種工事の設計及びこれに関連する製品の販売を行う株式会社であり、GYL の販売代理店でもある。

(イ)　B 社は、照明関連製品の販売及び電気工事を行う株式会社であり、GYL の販売代理店でもある。

(ウ)　C 社は、主に GYL の下請工事業者として電気工事を行う株式会社である。なお、C 社は、平成 19 年 7 月以降、本件取引にかかわっていない。

(エ)　D 社は、アルミニウム製品の設計、加工及び販売を行う株式

会社である。

(ｵ)　E 社は、照明用ポール、アルミポールの販売及び電気工事を行う株式会社である。

(ｶ)　F 社は、建築金物、土木用製品、住宅用製品等の製造、販売及び施工を行う株式会社である。

(ｷ)　G 社は、アルミニウム製品、ポール製品、半導体関連製品の輸入、製造及び販売を行う株式会社である。

(ｸ)　H 社は、通信関連製品の販売を行う株式会社である。

イ　本件取引の概要

GYL の施設照明事業は、原則として、GYL において製造したランプ、安定器等の照明器具(以下、「照明器具」という)を販売することが主たる事業内容であるが、下請けとして公共工事案件等を受注した場合には、GYL で製造される照明器具のみならず、当該照明器具を設置する上で必要となる他社の製造にかかる照明用ポール、ボラード等もあわせて仕入れ及び販売を行い、また必要に応じて GYL の代理店その他の工事業者を介して電気工事を行っていた。そして GYL が工事案件等を実際に受注した場合に行われる他社製品の売買取引の流れは、「メーカー→メーカー代理店→X→GYL→Y→建設業者→エンドユーザー(公共工事を発注した地方公共団体を含む)」となり、製品の現物は中間業者の手を介することなく、メーカーから建設業者又はエンドユーザーに直接納入される。

これに対して、本件取引の場合、取引の流れは、例えば「GYL→X(A 社)→Y(D 社)→GYL」となり、また、架空取引であるから製品の受け渡し自体も存在しない。本件取引の当事者の組み合わせは様々であるが、製品の受け渡しが行われず、帳票だけの取引が一定の当事者間で行われ最終的に GYL に戻ることになる。また、架空工事を内容とする場合も、取引の流れは「GYL→X(C 社)→Y(E 社)→GYL」となるが、GYL・X 間の取引が架空工事の請負になる一方で、(Y が工事業者でない限り)X・Y 間及び Y・GYL 間の取引は製品の架空売買という形をとっている。この場合の当事者の組み合わせも様々であるが、工事の実施及び製品の受け渡しは行われ

ず、帳票だけの取引が一定の当事者の間で行われ最終的に GYL に戻ることになる。

架空売買と架空工事のいずれを内容とする場合であっても、本件取引により、GYL 以外の本件取引の当事者には、約 1%～5%の利益があがる仕組みとなっている。GYL も、本件取引によって GYL から X に架空の目的物を販売した時点(又は架空工事を発注した時点)においては、数%の利益があがることになるが、実体のない架空取引である以上、GYL は X に販売した目的物を最終的に再び仕入れる形の取引を行うことによって循環の輪を完結させなければならず、しかも GYL は当初 X へ販売した価格よりも高い金額で Y から仕入れることになるため、取引が一巡して GYL に架空取引の目的物が戻ってきた時点において必ず GYL に損失が発生することになる。

ウ　本件取引の実行プロセス

(ア) 実在する取引の流れ

実在する取引において、GYL が他社製品を仕入れる場合、GYL は仕入先に対して製品の見積書を要求する。そして GYL の営業担当者と仕入先が製品の価格交渉を行い、最終的な仕入価格を決定し、GYL から仕入先に対して注文書を送付する。その後、仕入先が製品を集荷し、建設業者又はエンドユーザーに納品した段階において、仕入先の納品書と建設業者又はエンドユーザーの物品受領書が GYL に送付される。加えて、仕入先から GYL に対して仕入価格を記載した請求書が送付される。

GYL が仕入れた他社製品を第三者に販売する場合には、販売先からの依頼を受けて GYL が当該製品の見積書を出し、これに基づき販売先との間で価格交渉を行い最終的な販売価格を決定した上で、販売先から GYL に対して注文書が送付される。GYL はかかる注文書に基づき当該製品を販売し、販売先に対して請求書を送付する。GYL が自社製品を販売する場合には、配達業者を利用するため、配達業者の受領書を販売先に送付することになる一方で、他社製品の再販売の場合には、GYL が直接製品を納入することにはならないため、原則として、納品書又は受領書を販売先に送付することはない。

(イ) 本件取引の実行プロセス

元所長の供述によれば、本件取引は実体のある取引ではないため、具体的な価格交渉等は行わず、まず元所長が作成した請求書を販売先に送付することになる。かかる請求書を受領した販売先は、実際に当該請求書にかかる製品を購入し、又は工事を受注したわけではないので、請求書を発行した元所長に対してどのように処理するのかについて問い合わせることになる。かかる問い合わせを受けた元所長は、販売先に対して、再販売先と再販売金額を書面で指示している。この再販売先と再販売金額を記載した指示書(前述の再販売指示書)は、請求書と同時に送付される場合もあれば、請求書を送付した販売先からの問い合わせ後に送付されることもある。もっとも、このままでは GYL の見積書と販売先からの注文書が欠けることになるため、元所長は別途当該架空の販売にかかる見積書を作成するとともに、本件取引の販売先に対し請求書の内容に則した注文書の作成を依頼し、同販売先からこれを受領している。

他方、本件取引が循環し、当該循環させた取引の目的物につき GYL が仕入れを行う形の取引を行う場合には、既に元所長が再販売指示書に基づき仕入先に対して、GYL が購入する金額を特定しているため、その内容に従って GYL は仕入れを行い、当該仕入先に対してその支払いを行っている。

元所長は、本件取引を実体のある通常の取引と同じように見せるために、仕入先から見積書を受領し、これに基づいて当該仕入先に対する注文書を作成している。これに加えて、元所長は、注文書の内容を反映させた請求書を当該仕入先から受領している。また、GYL では仕入先に対する支払いを行うためには、仮に GYL が当該仕入先から製品を実際に受領しない場合(前述のとおり、スルー取引[1]の場合、メーカーから直接建設業者又はエンドユーザーに製品が納入することになるため、その間に入る会社間では製品の受け渡しがなされない場合がある)であっても、当該仕入先からの納品書及び受領書が必要になるため、元所長は、当該仕入先の担当者に納品書及び受領書を作成させ、GYL に送付するよう指示をしていた。な

[1] 物理的にも機能的にも付加価値の増加を伴わず、会社の帳簿上通過するだけの取引をいう。(情報サービス産業における監査上の諸問題について　平成17年3月11日　日本公認会計士協会)

お、当委員会が調査した限りにおいて、再販売指示書の作成を含め、これらの指示は全て元所長が行っており、GYL の役員及び元所長以外の従業員(元役員、元従業員を含む)がこれに主導的に関与したことを認めるに足りる状況及び証拠は見当たらなかった。

このように実際に行われる取引と実体のない本件取引とでは、同じ種類の書類が揃うことになるため、形式的に書類の有無をチェックしたのみでは、当該取引が実体のあるものか否かを判別することは困難である。なお、本件取引にかかわっていた当事者は、実取引の分野においても、実際に製品が出荷され、エンドユーザーに納入されるものの、中間に実際に物の受け渡しを行わない業者が介在する、いわゆるスルー取引を行っているため、物の受け渡しの確認を行わないこと自体が問題となるわけではなく、また GYL のように社内決済手続上、納品書や受領書が要求される会社がある場合には、仕入先が販売先の決済に必要な書類を作成することも行われていることから、納品書及び受領書が元所長の指示に基づいて作成されていることをもって直ちに本件取引にかかわっていた当事者が、本件取引が実体のない取引であることを認識していたとまでいうことはできない。

エ　本件取引の拡大

元所長が本件取引を行った動機については、後述2　本件取引の発生原因等(1)において検討するが、元所長の供述によれば、本件取引は平成 8 年又は平成 9 年ころから、当時の日本電池株式会社(以下、「旧日本電池」という)において赤字体質であった施設照明事業の売上を水増しするために、始められたものである。そして、平成 16 年の旧日本電池と株式会社ユアサ コーポレーション(以下、「旧ユアサ」という)の経営統合の際に、千葉営業所に対して当時の GYL の営業部長(以下、「元 GYL 営業部長」という)による増販圧力が強くかかるようになり、その後も千葉営業所以外の施設照明事業の業績が悪かったため、千葉営業所に対する増販要請は止まらなかった。その結果、本件取引を中止することができず、むしろ循環を繰り返すことにより本件取引の金額が増加し続けたが、千葉営業所の利益率が 5%前後と低いため、当時の GYL の社長(以下、「元 GYL 社長」という)その他施設照明事業部の幹部は、元所長に対して、売上を減らして、利益率を上げるよう指

示を行うようになった。このため元所長は、本件取引における GYL からの販売先に対するマージンを上げざるを得なくなり、かえって取引が循環するごとに当事者間における販売額がふくれあがっていくことになった。なお、元所長は、本件取引の販売金額が 1000 万円を超えるようになった場合には、内部監査による精査(GYC の内部監査では、取引金額が 1000 万円を超えるものについて特に厳格にその内容を精査している)を回避するために、1000 万円以下の取引に細分化し、それらをさらに循環させたため、本件取引の件数及び金額が年を経るごとに飛躍的に増加していく要因となった。

もっとも、後述2 本件取引の発生原因等(1)のとおり、本件取引の金額は、平成 15 年 3 月期から平成 18 年 3 月期にかけて急増することになるが、本件取引の当事者となっている A 社が設立されたのも平成 15 年である。そして、A 社の社長(以下、「A 社社長」という)が A 社から借入れを行い、その借入金を元所長に貸し付けていること、また A 社社長は元所長に対して当該金銭の返還を要求せず、元所長も全くこれを返済していないことを勘案すると、元所長がより多額の金銭を A 社社長から借り受けるために本件取引の件数及び金額を増加させ、A 社に利益をあげさせていたと推測することも不可能ではない。

(2) 本件取引の関与者

本件取引は、元所長の指示によって行われたものであると認められる。当委員会が調査した限りにおいて、GYC 及び GYL の役員、元所長以外の従業員による本件取引への主導的な関与は認められない。

当委員会が調査した限りでは、A 社社長、B 社の社長及び C 社の社長も、本件取引が実体のないものであることを認識し、又は容易に認識し得る状況であったことが認められる。しかし、本件取引によって多少の利益があがること、A 社、B 社及び C 社は GYL からの仕事がなくなると経営が成り立たなくなる可能性があること、本件取引が専ら元所長の指示の下で行われていたことに鑑みると、A 社、B 社及び C 社が本件取引を主導的に行っていたとはいえないものと考えられる。なお、前述のとおり、A 社社長は、元所長に対して、A 社社長個人が A 社から借入れた金銭を貸し付けている。もっとも、かかる金銭の貸付けも、元所長が A 社が GYL の下請けという弱い立場であることにつけこんだ結果としてなされた可能性も否定できず、かかる A 社社長の金銭の貸付けをもって直ちに同社長が本件取引を主導的に行っていたというこ

とはできない。

また、D 社、E 社、F 社、G 社及び H 社の各当事者が、本件取引を主導的に行っていたことを示す状況及び証拠も認められない。

2　本件取引の発生原因等

本件取引の発生原因は、大きく分けて、(1)元所長が本件取引を開始し、かつ、継続したことの動機としての原因と、(2)本件取引が長期間継続的に行われており、かつ、これに伴い千葉営業所の売上高等の数値につき不自然な状態が継続していたにもかかわらず、長期間の間、発見することができなかったという、GYC 及び GYL における内部統制システム上の欠陥としての原因が考えられる。

(1)　元所長による本件取引の開始及び継続の動機

元所長は、当委員会によるヒアリングにおいて、本件取引を開始し、さらにこれを継続した動機について、以下のような趣旨の供述をしている。

①本件取引を開始したのは、旧日本電池照明事業部であった平成 9 年か 10 年ころであった。もともと、照明事業部は厳しい市況の中で毎期業績に苦しんでいたが、千葉営業所は幕張の工事案件等を受注することができ好調であったため、毎期事業部長や営業部長から売上増を求められていた。ところが、平成 9 年ころ、マンションブームが一段落したことなどから、千葉営業所の売上に落ち込みが生じたため、その空白を埋めるため、本件取引を開始した。いったん本件取引のような循環取引を開始したあとは、返品処理をして取引を解消しない限り、架空の取引であることが発覚してしまうので、循環取引を継続させることになった。

②旧日本電池と旧ユアサの統合とそれに続く GYL の設立の時期には、赤字体質の旧日本電池の照明事業部を売却等により整理するという憶測もあったため、千葉営業所に対して元 GYL 社長や元 GYL 営業部長による増販圧力がかかった。その後も千葉営業所以外の施設照明事業は赤字体質から脱却できなかったので、千葉営業所に対する増販要請は止まらなかった。

このように元所長は、本件取引の開始及び継続の動機については、

つまるところ、会社による増販要請に応えなければならなかったこと、また、いったん循環取引を始めてしまうと、架空の取引であることを発覚させないためには取引の循環を継続せざるを得ないことの 2 つである旨の供述をしている。

他方、当委員会によるヒアリングに対し、現 GYC 社長、元 GYL 社長及び元 GYL 営業部長らは、そのような増販要請については明確に否定している。この点、GYL における千葉以外の施設照明部門が慢性的に赤字体質であったことからすると、一切増販要請がなかったとは俄かに信じがたいが、他方、本件取引の開始及び継続の動機が全面的に会社による増販要請であるとも断定しがたく、元所長個人が、営業成績において好成績を維持したかったこと、これにより、千葉営業所の閉鎖や、自己の千葉営業所からの異動という事態を回避したかったこと(そのような事態に立ち至った場合には本件取引が発覚する可能性が高いという事情も当然あったものと思われる)も動機として大きかったものと推察される。

さらに、当委員会による調査によれば、元所長は、GYL の千葉における代理店の一つであった A 社を本件取引の循環取引の輪に加えており、本件取引により A 社に約 3 億円もの利益を計上させていたことが認められる。また、元所長は、A 社社長から、数年間にわたり、多額の借入れを行っている。当委員会の調査において入手した、同氏作成による資料(以下、「借入表」という)によれば、元所長は A 社社長から総額で約 2 億 2000 万円もの借入れをしており、かつ元所長は A 社社長に対してかかる借入金の返済を全くしていないことが認められる。さらに、借入表によれば、当該借入れの資金の少なくとも一部は A 社から同氏が借入れをすることにより調達していたことが認められる。これらの事実から、本件取引により、少なくとも A 社が得たマージンの一部が、実質的には元所長に流れていたものと推認される。そしてこのような個人的な利益を得ることが、元所長が本件取引を継続した大きな動機ではなかったかと推察される。

(2) 本件取引が長期間発見されずに見過ごされてしまった原因

本件においては、元所長を含め従業員が実質 2 名に過ぎない千葉営業所が、GYL の年間売上の約半分を売り上げ、毎年事業計画の目標値の約 2 倍の額を達成し続けている(特に平成 15 年 3 月期から平成 18 年 3 月期までは急激に売上を伸ばしている)という状況が認められる。

このような状況は、GYL が全国に拠点を有し、特段地域別に異なる業務を展開しているわけではないことを勘案すれば、収益構造として

極めて不自然であることは明らかである。また、全国的かつ長期的に公共工事が減少傾向にある中、千葉における本件取引に関する(架空の)件名のほとんどは公共工事であるにもかかわらず、上記のとおり、特に平成15年3月期から平成18年3月期までは飛躍的に売上高が増加していたことも、その不自然さをさらに増強させるものである。それにもかかわらず、本件取引は約11年間という長期間に渡って放置され、結果として、後述第3(本件取引にかかる不適切な会計処理の内容)で述べるとおり、今般の決算数値の訂正をしなければならないほど本件取引が拡大するに至った原因については、GYCグループの内部統制システムの観点から検討する必要がある。そこで、以下において、この点につき検討する。

ア　リスク管理上の問題点

本件取引において問題となっている中心的なリスクは、取引自体の実在性である。一般に、決算資料等の数値については、特段の不自然な点がない限り、その数値の元となっている取引自体の実在性をリスクとして認識すること、つまりは取引が実在するかどうかについて疑いを持つことは通常はないであろう。

しかしながら、GYL千葉営業所における本件取引においては、本(2)の冒頭で指摘しているように、極めて不自然な点が認められる以上、取引の実在性自体も考慮すべきリスクであった、すなわちその実在性について疑いを持つべきであったと考えるべきである。

本件においては、①千葉営業所がGYLの他の支店及び営業所のビジネスモデルとは異なる、スルー取引を頻繁かつ大量に行っており、かつ当該事実はGYL内部において認識があったこと、②特に平成15年3月期から平成18年3月期までの期間において千葉営業所の売上推移に急激な増加が認められること、③千葉営業所において行われていたかかるスルー取引の目的物のほとんどが照明用デザインポールであり、かつGYLでは千葉営業所において明らかに不自然な量の照明用デザインポールの取引を行っていることを把握していたこと、④GYLの施設照明事業においては千葉営業所以外の拠点で計画を達成することが少なかったこと、⑤千葉営業所の営業に従事する従業員数(千葉営業所において施設照明事業に関する営業に従事する従業員数は、平成17年以前は元所長を含め2名であり、平成17年以降は元所長だけである)とその売上高の比である、従業員1名あたりの売上高は明らかに他の支店及

び営業所の当該指標と乖離していること、⑥千葉営業所では売上の取消処理、いわゆる赤伝票処理が頻繁に行われていたことなどの状況が認められ、収益構造について合理的な説明をすることができない状況になっていた。しかも、平成 17 年 2 月 17 日付の GYC 監査室長作成にかかる内部監査報告書において、「…業者選定及び価格交渉は現地の千葉営業所が行っているのが実態である。内部統制の必要性からも、業者や価格の決定のプロセスにおいて、GYL 本社資材グループが何らかの役割を担う体制を検討するように要請した。」として、内部統制上の問題点・改善点が指摘されている。加えて、後述するとおり、遅くとも平成 18 年 2 月には、元 GYL 社長及び元 GYL 営業部長は、GYL の管理職や取引先から、千葉営業所において行われているスルー取引の不自然性を指摘されていたのである。このように、GYL の最大の収益源となっている拠点のビジネスモデルについて合理的な説明ができないのみならず、同拠点の組織上の仕組み及び同拠点が行っている取引についての具体的な問題点が提起されている以上、GYL としては、これを重大なリスクとして認識すべきであったのであり、さらに千葉営業所で行われている取引自体が実在しないものであることを認識し得る事情が認められることに鑑みると、これをリスクとして認識すべきであったものと考えられる。

GYL の役員についていえば、本件取引が行われていた千葉営業所の売上高は GYL 全体の売上高の約半分を占めていたのであり、実際に現在そうなっているとおり、千葉営業所の売上高がなければ会社が赤字になるおそれがあったのであるから、少なくとも同営業所のビジネスモデルについて合理的な説明がつかないことについては重大なリスクとして受け止め、かつ遅くとも同営業所の取引の不自然性が指摘された時点で本件取引の存在を容易に知り得たのであるから、直ちにサンプル調査等の具体的な検証活動に入るべきであったといえる。このような検証を怠った GYL の役員、とりわけ千葉営業所における売上が急増した平成 15 年 3 月期から平成 18 年 3 月期までの間、GYL の取締役社長の任にあった元 GYL 社長については、リスク認識を誤ったといわざるを得ず、その責任は重大である。また、同期間中、営業部長として千葉営業所を監督すべき立場にあった元 GYL 営業部長の管理職としての注意義務懈怠も著しいものといわざるを得ない。

これに対し、GYC の代表権を持つ取締役は、GYL の社長に対して定期的にヒアリングを行っており、かかるヒアリングにおいて、

GYL の千葉営業所における売上高が多く、それが GYL の黒字の主たる要因であること、さらにそれは千葉営業所が工事案件を受注している結果として、自社製品のみならず他社製品もまとめて販売していることが理由であるとの報告を受けている事情は認められる。しかしながら、GYL が連結子会社だけでも約 70 社ある GYC グループの子会社の一つであり、しかも、事業内容の観点からも売上高の観点[2]からも、グループの中では重要な地位を占める会社ではなかったため、検討すべき事項としての優先順位が高くなかったことからすると、上記のような報告内容のみから直ちに千葉営業所の取引についてリスクとして認識すべきであったとまでは断定しがたい。但し、一般論としては、会社内の部署別乃至子会社別の事業の重要性の度合いと、それぞれが孕んでいる、とりわけコンプライアンス上のリスクの程度は必ずしも比例するものではなく、むしろ、重要性の低い事業部門や子会社ほど、マネジメントの関心が薄く、モニタリングが行き届かない分、コンプライアンス・リスクが発生、顕現する可能性が高いことについては、自覚すべきであったということができる。

イ　コンプライアンス意識の欠如及び企業風土に関する問題点

(ア)　コンプライアンス意識の欠如

まず、前提として、本件取引を開始、継続した元所長のコンプライアンス意識の欠如を指摘しなければならない。架空循環取引は、当事者間の合意に基づいて行われている限り、少なくともそれ自体として当然に、詐欺、横領、背任等の刑事法上の構成要件に該当するものではないが、商行為として病理的な行為であることは明らかであり、かつ、本件のように発覚した場合には会社に多額の損失を発生させる危険性を孕んでいるものであるから、そのような病理的な商行為を、表面的な売上高確保のために実施するという意識は、まさに目的のためには手段を選ばない意識にほかならず、明らかに反コンプライアンス性が認められる。その意味で、元所長にはコンプライアンス意識の欠如が著しいといわざるを得ないが、元所長がこのようにコ

[2] GYC の第 4 期有価証券報告書(平成 19 年 4 月 1 日から平成 20 年 3 月 31 日まで)のセグメント情報によれば、GYL を含む照明事業の営業利益が 978 百万円であるのに対し、GYC グループ全体の営業利益は 12,384 百万円であり、全体の営業利益に占める照明事業の営業利益の割合は、わずか約 8%である。

ンプライアンス意識を欠如させるに至った背景には、GYL において、企業としての営利追求とコンプライアンスは一体でなければならないという意識が希薄であるという事情があったのではないかとの推察も可能である。

また、元 GYL 社長及び元 GYL 営業部長においても、千葉営業所の取引の内容について疑念をもって然るべき情報を入手し、本件取引の端緒となる事実をいくつも認識していた、あるいは認識できる可能性が十分あったにもかかわらずこれを看過し、サンプリング調査等の実質的な調査をまったく行っておらず、また、従業員及び取引先の一部からの本件取引発覚の端緒となり得る情報提供について GYL 及び GYC の取締役会及び監査役(GYC にあっては監査役会)に報告すらしていない。仮に元 GYL 社長又は元 GYL 営業部長が、コンプライアンス意識を有していたとすれば、本件取引発覚の端緒となる情報を得たのであれば、直ちにその調査を行い、適切な組織上の機関への報告を速やかに行っているはずである。にもかかわらず、これらの行為を行わなかったのは、統計上の売上数値を重視する姿勢があった点は否定できず、まさにコンプライアンス意識が欠如していたものといわざるを得ない。

この点、一般的に、コンプライアンス意識を向上・維持させる為には、コンプライアンス研修を定期的に行うことが最低限要求される。それにもかかわらず、GYL の社内のみならず、GYC グループ全体としてもコンプライアンス研修が明示的に行われた形跡がほとんどなく、この点もコンプライアンス意識の欠如の一因となっており、結果として、本件取引の発生に寄与したものといえる。

(イ) 企業風土

GYC グループには他部署、他部門に対して口出しをしないという企業風土があった可能性がある。特に旧日本電池と旧ユアサとの経営統合後においては、グループ内再編が度々行われ、他部署への関心が低下し、他方で、自己の部署に対する否定的な意見を許容しにくい雰囲気が醸成された可能性がある。よって、表面的には売上をあげている千葉営業所に対して、特別な疑念を持つことなく、利益率や売上内容等について精査することなく、結果として漫然と放置してしまったものと考えられる。

ウ　モニタリングにおける問題点

モニタリングの問題点を論ずるにあたっては、(ア)持株会社としての GYC による GYL に対するモニタリング及び(イ)GYL 内部におけるモニタリングとを区別する必要がある。

(ア) 持株会社としての GYC による GYL に対するモニタリング

GYC による GYL に対するモニタリングとしては、主に監査室や業務指導グループによる定期的な内部監査が実施されていたが、いずれに関しても適切なリスク分析を行った上で、リスクのある会社に重点をおいた監査が実施されていたのか疑義がある。

GYC においては連結子会社約 70 社の業務を監査する部署として監査室が設けられており、当該監査室が GYL に対して毎年内部監査を実施していたものの、内部監査の方法は形式的な書類の有無の確認にとどまり、取引内容の確認等の実質的な調査(例えば、現地における現物確認等の取引の実在性の調査等)が実施されていなかった。また、監査室と並行して、GYC 財務統括部の下にある業務指導グループが、事業子会社 4 社(GYL、株式会社ジーエス・ユアサ テクノロジー、株式会社ジーエス・ユアサ インターナショナル及び株式会社ジーエス・ユアサ バッテリー)と株式会社ジーエス・ユアサ パワーサプライ内の 3 事業本部(自動車電池事業本部、産業電池電源事業本部及びインダストリー事業本部)の業務に関し、事業子会社 1 社又は 1 事業本部あたり、約 2 か月から 3 か月をかけて取引実態を可能な限り調査していたとのことであるが、その調査手法としては、主として証憑類の確認にとどまるなど、形式的な側面のみしか調査が実施されていなかった。これらの内部監査機関が、現場における現物確認等のより実質的な監査を行っていれば、本件取引を早期に発見できた可能性もあるのであり、長期間、形式的な監査に終始した内部監査機関の機能不全も本件取引が長期間発見されなかった原因の一つである。

(イ) GYL におけるモニタリング

a　GYL の経営陣及び管理者従業員によるモニタリングの欠如

GYL 幹部は、千葉営業所が実質的に合計 2 名という人員

構成であり、営業所内部における自主的監視機能を期待できない組織体制であることを認識していたであろうにもかかわらず、千葉営業所へ定期的に訪問するなどの適切なモニタリングをほとんど行っていなかった事情が窺える。

また、前述第2 2 本件取引の発生原因等(2)アでも述べたとおり、元 GYL 社長及び元 GYL 営業部長は、千葉営業所の取引の内容について疑念をもって然るべき情報を入手していながら(従業員及び取引先の一部からの情報提供)、かつ、取引先に対する内部規則上の与信限度額を超過していたことを認識していたにもかかわらず、千葉営業所の元所長に問題がないか口頭で確認するのみで、サンプリング調査等の実質的な調査をまったく行っておらず、また、上記の情報提供について GYL 及び GYC の取締役会及び監査役(GYC にあっては監査役会)に報告すらしていない。千葉営業所で行われていた本件取引が全体に占める割合の大きさからすれば、サンプリング調査を数件行うだけで発見することができた可能性は非常に高いにもかかわらず、そのような調査は全く行われていない。加えて、本来はランプとセットで販売される照明ポールが、ランプと比較して圧倒的に多数取引されており、取引数量が異常であったのは明らかであるにもかかわらず、簡単な数値分析すら行われていなかった。さらに、本件不正取引に関与していた GYL の代理店の与信額が GYL の与信管理マニュアルに定める与信限度額を大幅に超過していたにもかかわらず、取引先から事情を聴いてもおらず、千葉営業所において多数回にわたり価格修正及びそれに伴う赤伝起票が行われていた。

以上に鑑みれば、元 GYL 社長及び元 GYL 営業部長は、GYL の売上を支えていた千葉営業所に関して不正取引の端緒となる事実をいくつも認識していた、あるいは認識できる可能性が十分あったにもかかわらず、これを放置していたに等しい対応に終始しており、経営陣及び管理者従業員によるモニタリング機能は極めて低いものであったといわざるを得ない。

b　他の部署からのモニタリングの欠如

GYL においては、企画部が千葉営業所と千葉以外の営業所とに区別して売上・売掛金・延滞率等の報告書(支店別月別回収実績)を作成し、営業部長に報告しているとのことである。しかしながら、企画部と営業部との間では、営業管理に関する有機的な情報交換やコミュニケーションが不足しているように見受けられ、そのため、千葉営業所の問題について他の部署から指摘をうける機会を逸してしまったという側面が否定できない。また、GYL の資材部において他社製品(具体的には照明用ポール)が大量に取引されていることを把握していながら、資材部からの何らの調査及び対策が講じられなかった。以上からすれば、GYL 内部においては、他の部署からのモニタリング機能も欠如していたといえる。

c　営業所内におけるモニタリング

千葉営業所では、平成 17 年以降は元所長 1 名と管理監督権限のない 1 名の事務担当者のみという人員配置であったため、千葉営業所内において、元所長の行動は事務担当者以外からは監視されない環境となっていた。さらに、事務担当者は営業業務については精通しておらず、そもそも事務担当者にモニタリングを期待することは出来ない。

したがって、営業所内部における自主的なモニタリングを期待できる状況には到底なく、営業所内部でのモニタリングは存在しなかったといわざるを得ない。

d　業務フロー上のモニタリング

前述のほか、GYL における具体的な業務を適切に遂行する上では、業務フローに関する業務マニュアルや社内規則の実効的な運用がなされる必要があった。そうであるにもかかわらず、GYL においては、日々の業務に関する社内規則、ルール、マニュアルなどが存在しないか、存在したとしても有効に機能していない状況が存在し、結果として GYL 内部における業務管理に不備があったことも、本件取引の発見遅延に寄与したものである。具体的な業務管理の不備としては以下の事項を指摘できる。

(a) 基本契約書の締結管理

一般的に、取引先との間においては、取引開始前において基本契約書を締結することが必須かつ社会通念上の常識であるが、本件不正取引に関与した取引先との間に基本契約書が締結されていない例があり、取引先との間の基本契約書の締結が徹底されていない。すなわち、契約書締結の必要性の有無が元 GYL 営業部長の一存により決定されていたとのことであり、GYL の内部管理のずさんさもさることながら、このような基本的な事項についてまで一個人に裁量を与える体制となっている点は業務管理方法の不備といわざるを得ない。

(b) 与信限度額の把握

平成 18 年 10 月 31 日制定の GYL 責任権限マップによれば、与信限度額設定の承認権限はグループマネージャーにあり、決裁権限は部長にあるとされている。しかし、本件において、売掛債権の消し込み等を行うことにより現場における債権管理を担当する千葉営業所事務担当者は新規顧客及び継続取引先に対する与信の上限金額を把握していなかった。すなわち、現場レベルでは与信管理はまったく機能していなかったのみならず、たとえ社内規則により権限分掌が行われていたとしても、事務担当者が与信額を把握していなければ、これらの社内規則は画に描いた餅であり、この点も GYL 内部の業務管理方法の不備を物語るものである。

(c) 滞留売上債権管理

本件において、千葉営業所内における債権管理の役割分担及び方法がマニュアル化されておらず、不明確であったことも本件不正取引の一因であると考えられる。

(d) 買掛金債務に関する取引先からの残高確認書に対する対応

本件においては、取引先から千葉営業所に送付された、買掛金債務に関する残高確認書上の金額と GYL 帳簿上の金額の異同にかかわらず、元所長に指示されるまま残高確認書に押印し、返送しており、買掛金債務

に関する適正な残高確認手続がまったくなされていない。

(e) 売上計上時期

架空循環取引の温床となったスルー取引の売上認識は、仕入計上と同時期(納入先の検収書が調達管理グループに返却された時)であるが、本件取引では、現物の現場への納品の事実又は工事施工の事実の不存在にもかかわらず、納入先押印済み検収書による仕入検収が行われ、それに伴う売上が計上されていた。

(f) 現物確認の不実施

GYL の業務フローにおいては統計上の数字のみがチェックされ、現物確認は実施されていなかった。

e　監査役によるモニタリング

当委員会による GYL の元監査役(以下、「元 GYL 監査役」という)へのヒアリングによれば、元 GYL 監査役は、監査役として、支店及び営業所への往査を、必ずしも十分に行っていなかったようである。加えて、元 GYL 監査役は、GYC グループの監査役を合計 12 社兼任していたとのことであり、一人が 12 社もの会社の監査役を兼任していたこと自体、もはや監査役に監査機能を期待できない状況であった。このような、元 GYL 監査役によるモニタリングが有効に機能していなかったことも、本件取引の発覚遅延に寄与したものと認められる。

エ　情報収集体制の機能不全

GYC は、GYC グループ全体にかかる制度として、平成 17 年 5 月より内部通報制度を導入していた。しかし、GYL においては、前述第2　2　本件取引の発生原因等(2)アにて述べた本件取引の徴表を少なからず認識していたにもかかわらず、内部通報制度を利用するなどして、GYC に対して当該徴表を報告又は相談するには至らなかった。この点は、GYC グループの従業員におけるコンプライアンス意識が浸透していなかった点が一つの原因ではあるものの、GYC グループとして、GYC が当該内部通報制度の利用をより従業員に周知させ、利用しやすい制度としておけば、本件取引が早期に発見された可能性がある。すなわち、GYC が GYC グループとして機能しない内部通報制度を導入し、その後の継続的な機能確

保を行わなかったことに加え、GYC 経営陣が末端の情報を収集するための有効なシステムを導入することができていなかったことも本件取引の発見遅延の原因の一つである。なお、具体的には、GYC グループの内部通報制度は顕名で行わなければならず、かつ外部窓口としては法律事務所名が記載されているのみであり、担当弁護士個人名は記載されていないなど、内部通報制度が機能的に運用されない可能性を増幅させるシステム上の欠陥もあると認められる。加えて、全従業員に対するアンケート等の実施なども特段行われていないのであり、結果として、従業員の情報を収集できる体制が構築されていなかったといわざるを得ない。

オ　その他の原因

前述のア乃至エが本件取引が異常なものであるにもかかわらず、長期間にわたり発見できなった主たる原因であると思料するが、その他の原因についても言及する。

(ア)　人事配置の滞留

人事配置の滞留も本件取引の発生原因のひとつである。すなわち、元所長を 20 年以上にわたり千葉営業所に配属し、配置転換を行わず、不正取引の温床を作ってしまった。

(イ)　事業計画、予算管理方法の問題

GYL においては、予算及び事業計画の策定に関し、トップダウン的な数値設定がなされており、現場の現実との乖離が生じている部分があった。現場の実際の状況にもかかわらず、トップダウン的に与えられた数値を達成しなければならないプレッシャーにさらされていた可能性も否定できない。

第３　　本件取引にかかる不適切な会計処理の内容

当委員会は、本件取引にかかる不適切な会計処理の内容を解明するため、平成 17 年 3 月期から平成 20 年 3 月期までの期間中に行われた GYL の千葉営業所における取引につき、正常な実取引と本件取引に区分した調査報告(前述の公認会計士調査報告)を他の公認会計士より GYC 経由で受領した。

公認会計士調査報告によれば、上記対象期間に含まれる各事業年度における本件取引にかかる売上高及び売上原価は以下のとおりである。

(本件取引にかかる売上高及び売上原価)

(単位：百万円)

	平成17年3月期	平成18年3月期	平成19年3月期	平成20年3月期
売上高	5,403	8,292	7,134	8,285
売上原価	5,088	7,819	6,688	7,792

※ 今期(平成20年4月乃至平成20年9月)分についてはGYCにおいて集計している。

なお、当委員会は、GYCより、本件取引にかかる売上高及び売上原価の取消し等を含む会計処理の修正の結果、回収可能性に疑義のある売上債権(控除可能仕入債務控除後)70億2600万円について貸倒損失として計上するという報告を受けた。

第4　本件取引の関係者の処分に関する意見

1　処分に関する意見を述べるにあたって検討した事項

本件ではGYLにおいて架空循環取引が発覚したことにより、多額の売掛金債権が回収不能になるおそれがあり、現時点で上記のとおり、70億2600万円の貸倒損失を計上しなければならないことが見込まれている。このことによりGYCの連結の決算には多大な悪影響が出ている。

このように本件がGYCグループにおよぼしたマイナスの影響は顕著であり、これを踏まえ当委員会は、以下のとおり各関係者に対する処分等について提言する。

2　関係者の処分

(1) 本件取引の実行行為者の処分

・元所長

懲戒解雇及び退職金全額の不支給処分をすることが相当であると思われる。また、損害賠償を請求することを検討するべきである。

(2) GYL役員の処遇

・代表取締役社長　前野氏

GYLの取締役の辞任を勧奨することが相当であると思われる。

・専務取締役　奈良氏

　GYL の取締役の辞任を勧奨することが相当であると思われる。

(3) GYC 役員の経営責任

・代表取締役会長　秋山氏

　報酬の 20%を 3 ヶ月自主返上することを求めるのが相当であると思われる。

・代表取締役社長　依田氏

　報酬の 20%を 3 ヶ月自主返上することを求めるのが相当であると思われる。

・代表取締役副社長　上田氏

　報酬の 20%を 3 ヶ月自主返上することを求めるのが相当であると思われる。

・常務取締役　前野氏

　報酬の 30%を 3 ヶ月自主返上することを求めるのが相当であると思われる。

・その他の取締役の経営責任

　ホールディングカンパニーの取締役会の構成員として、全事業会社を全面的に統括する立場にあった点を踏まえ、上記具体的な提言にかかる各取締役に対する処分内容を参考にして、適切な対処を検討されたい。

・監査役の監査責任

　ホールディングカンパニーの監査役会の構成員として、全事業子会社を全面的に監査する立場にあった点を踏まえ、GYC の監査役会内部で適切な対処を検討されたい。

(4) GYC グループ退任者に対する責任追及

・元 GYL 社長

　責任は重大であり、損害賠償を請求することを検討することが相当であると思われる。

・元 GYL 営業部長

責任は重大であり、損害賠償を請求することを検討することが相当であると思われる。

・元 GYL 監査役

元 GYL 社長及び元 GYL 営業部長と同等とまではいえないが、適切な監査を怠った責任は否定することは困難であり、損害賠償を請求することを検討する余地がある。

第5　再発防止策に関する意見

当委員会は、本件取引に対する上記第2　2　本件取引の発生原因等で検討した原因分析を踏まえ、当該原因を除去すべく、以下の再発防止策を提言する。

1　内部統制システムの再構築の必要性

GYC は、内部統制室を中心に、実効的な内部統制報告制度の整備に向け努力しているところであるが、内部統制報告制度の直接の対象である財務報告の信頼性確保の観点のみならず、GYC グループの全社的統制及び業務プロセス統制に基づく業務の効率性、事業活動に関わる法令等の遵守、資産の保全等を確保すべく、更なる内部統制システムの整備に取り組む必要がある。

特に、本件取引との関係では、何よりもまず、役員、幹部従業員を問わず、リスク、特に法令遵守(コンプライアンス)上のリスクの管理に対する意識を鋭敏化させることが不可欠である。本件取引が長期にわたり発覚しなかった背景には、売上高の過大さ、ビジネスモデルの特異性をはじめとする、千葉営業所における取引の不自然性、異常性を示す情報が上がっていたにもかかわらず、これをコンプライアンス上のリスクとしても捉えられない鈍感さがある。営業成績を示す数値はじめ、日常の業務執行において接する情報を、単に事業目的達成という観点からのみ分析するのでなく、それが何らかのコンプライアンス上の問題点を示す、あるいはそれに繋がるような性質のものでないか、という意識をもって分析することが不可欠である。

次に、コンプライアンスにかかる内部統制システムの整備が不可欠である。本件取引が長期にわたり発覚しなかった背景には、GYL の役員や従業員において、数字に現れる表面的な営業成績を重視し、その中身を厳しく吟味しようとしない価値観や意識があったことは否定できない。このよう

な価値観や意識は、目先の数字のみを追及する余り、最終的に会社に損害を生じさせる危険性が高い不健全な取引を敢えて行う、あるいはそのような取引を黙認するという行為に繋がる危険性が高いことから、コンプライアンスの問題の一つと捉えられる。このような趣旨を踏まえたコンプライアンス意識の醸成は、コンプライアンス違反を防止する基盤となるべきものであり、極めて重要である。したがって、まず、内部統制の統制環境レベルでの要改善点として、GYL のみならず、GYC グループ全社の役員及び従業員に対して、特に不健全取引を一掃するという観点からのコンプライアンス意識の浸透を図るべく、GYC グループ全体としての意識改革を行う必要がある。具体的には、GYC グループのコンプライアンス教育(法令、社内規程、企業倫理等遵守等に関する社内研修の継続を含む)を徹底し、GYC グループ社員のコンプライアンス意識の改革を推進する必要がある。

加えて、コンプライアンス研修のみならず、GYC グループ全体としての企業風土の改善にも十分な配慮を払う必要がある。前述のとおり、経営統合後における旧日本電池と旧ユアサとの精神的な垣根に基づく他部署や他部門に対する干渉の躊躇及び統計上の数値を重視する売上金額重視の経営姿勢は特に問題であり、前者については、部門間におけるコミュニケーションの機会を意識的に設定するなどの配慮が必要であり、一方、後者については、売上金額その他の統計上の数値を重視し、その実質を見過ごす事態が発生することを防止するような社内管理体制を早急に整える必要がある。

2　モニタリングの強化

前述したとおり、コンプライアンス意識の欠如と並び、本件取引の早期発見ができなかった大きな内部統制上の問題として、各方面からのモニタリングがいずれも実効的に機能していなかった点が挙げられる。したがって、GYL に対する監視機能の強化は当然として、再発防止の為に、GYC グループ全体としての監視機能の改善を図る必要があるので、以下、GYC による GYL に対するモニタリング及び GYL 自身によるモニタリングに関する要改善点を以下に提示する。

(1)　GYC による GYL に対するモニタリング

ア　監査室の体制強化

GYC の監査室による従前の内部監査の方法は、監査対象となる部署、子会社又は取引案件を事前に通知した上で、監査対象範囲に

かかる伝票等を形式的に確認するというものであり、監査方法として十分とはいえない。したがって、抜打監査の導入等を含む監査室権限の強化その他の改革を検討する必要がある。

イ 厳格な内部監査の実施

前述の監査室の権限強化のほか、GYC における業務活動及び GYC グループ事業子会社に対する内部監査については、現状、事業子会社及び株式会社ジーエス・ユアサ パワーサプライの事業本部に対して集中的な内部監査を行っている業務指導グループを活用し、監査室による監査を補完するものとして、現場主義に基づく徹底的な監査を実施する必要がある。

(2) GYL におけるモニタリング

ア GYL 経営陣によるモニタリングの強化

前述第２ ２ 本件取引の発生原因等(2)ウ(ｲ)a で指摘したとおり、本件取引が長期間の間発覚されなかった重要な原因の一つとして、本件取引の端緒となり得る情報を得ておきながら、それを放置した GYL 経営陣のモニタリングの欠如がある。この点に関しては、少なくとも、GYL は、各営業所につき責任を有する経営陣あるいは管理者従業員を明確にし、責任を有する経営陣・管理者従業員は、今後、GYL の各営業所を定期的に自ら管理監督を行うと共に、当該管理監督も形式面にとどまらず、現場において現物を現実に確認するという精神の下、実質的なモニタリングを行うべきであり、GYL としても当該モニタリングを義務付ける体制を策定する必要がある。

イ 他の部署からのモニタリング

前述第２ ２ 本件取引の発生原因等(2)ウ(ｲ)b で指摘したとおり、GYL においては、企画部その他の他部署からの営業部に対する牽制機能が希薄であった。この点は、他部署に対しては口出しをしないという従前の企業風土を改革するべく部署間又は部門間でのコミュニケーションの機会の拡大を図ることにより牽制機能を働かせることが有効である。但し、コミュニケーションの機会の拡大にとどまることなく、例えば、実務上可能な範囲において、部署間・部門間における人材の交流をより活発に行うことなども一つの方法であり、相互の牽制機能をより強化する体制作りが必要である。

ウ　各営業所内におけるモニタリング

前述第２　２　本件取引の発生原因等(2)ウ(イ)c で指摘したとおり、本件は実質的に合計２名の人員構成という自主的牽制機能が全く働かない千葉営業所において発生した。前述した第三者的立場からのモニタリングも必要不可欠であるが、実際の業務は各部署又は各営業所などの小規模な組織単位で行われるものである。確かに、GYC グループ全体として見れば、専門性を必要とする業種であるとの特殊性もあり、各組織単位の人員を増員することは容易なことではない可能性もあるが、本件取引のような不正行為は実際の業務を共に行っている当該組織単位の内部の者こそが最も不正行為の近くに位置し、最も不正行為を発見する機会を有しているものである。したがって、各組織単位内においての不正行為を互いに監視する牽制機能の重要性を無視することはできないのであって、GYL として、ひいてはGYC グループ全体としても、実際に業務を行う各組織単位内での人員構成に十分に配慮し、有効に相互の牽制及び監視機能が働く体制を構築する必要がある。

エ　業務フロー上のモニタリング

前述第２　２　本件取引の発生原因等(2)ウ(イ)d で指摘したとおり、GYL における業務管理のずさんさも本件取引が長期間発見できなかった原因の一つである。GYC においては、当該第２　２　本件取引の発生原因等(2)ウ(イ)d の項目で指摘した各業務管理方法の不備を是正し、各種の業務マニュアル、ルール又は社内規程の整備やそれらの実効性ある運用を行うべく内部体制を整えるべきことは当然として、各種の不備の中でも、スルー取引にかかる売上認識の取扱い及び購入品再販売取引(自社製品を含まない購入品を再販売する取引)に関するリスク評価の誤りは、特に問題であり早急な対応が必要である。すなわち、前者については、本件取引の温床となったスルー取引の売上認識は、仕入計上と同時期(納入先の検収書が調達管理グループに返却された時)であるが、現物の現場への納品の事実又は工事施工の事実の不存在にもかかわらず、何らそれらの事実を確認することなく、納入先押印済み検収書による仕入検収と共に、その売上が計上されていた。これは、本件取引が架空の物品を利用して行われたことに鑑みれば、相当のリスクを伴うものでありGYL においては、検査報告書や納入業者との打ち合わせ議事録の確認など取引実態の把握を確実に行うシステムに変更するべきであ

る。また、後者に関しては、GYL は、当該購入品再販売取引を平成20 年 10 月から禁止したとのことであるが、これにとどまらず、社内規程の改訂等を通じて、資材購入品の担当部署及び決定権者を明確にするなどの社内決裁制度その他の業務フローの見直しを行い、購入品再販売取引の禁止を実効化できるような方策を講じる必要がある。

オ　監査役によるモニタリング

会社法上要求される監査役によるモニタリングも当然に重要なものであり、前述第２　２　本件取引の発生原因等(2)ウ(イ)e で指摘したとおり、GYL においては、監査役によるモニタリングが有効に機能していなかった点も本件取引の発覚遅延に寄与した一つの原因であったことに鑑みれば、監査役に対して監査役としてのその役割及び責任の重大性を十分に認識させると共に、監査役の他社との兼任関係を改善するなどの方法により、監査役による有効な監査機能を確保する体制を再構築する必要がある。

3　情報収集体制の機能改善

前述第２　２　本件取引の発生原因等(2)エで指摘したとおり、内部通報制度の機能不全も本件取引の一因であり、したがって、GYC グループの内部通報制度が従業員にとって利用しやすい環境となるよう制度を改善する必要がある。具体的には、GYC の内部通報制度における外部窓口として法律事務所名だけではなく、担当弁護士名及び直通の電話番号を記載し、その上で内部通報制度の利用方法(内部通報制度を利用したことによって従業員に不利益が課されないことを含む)に関して GYC グループ内で再度周知徹底及びその後の継続的な周知を行うことにより、内部通報制度が有効に機能するような方策を講じる必要がある。また、匿名情報の信用性に関する問題は確かに存在するが、顕名での通報の場合、通報する者としては精神的又は身体的安全性への憂慮、又は従業員としての不利益取扱いの可能性への憂慮により、通報を躊躇する可能性があることもまた事実であり、かつ、GYC グループとしても情報を探知する方がより重要であると思われる。したがって、少なくとも通報者に対する不利益取扱いがなされないことを内部通報制度の利用対象者に周知することが必要であると共に、内部通報制度の匿名での利用を可能とする選択肢も検討に値する。

加えて、本件取引への参加者の一部の者は、本件取引の継続に不安を覚えており、仮にこれらの取引先から本件取引に関する情報を取得できてい

れば、本件取引を早期に発見できた可能性が非常に高く、したがって、取引関係者（エンドユーザーを含む）を対象とした外部通報制度を設けることも真摯に検討する必要がある。

さらに、内部通報制度の改善によって従業員が自発的に情報を寄せやすい環境を整備すべきなのは上記のとおりであるが、内部通報制度及び外部通報制度などの受動的なシステムに依拠するのみでなく、GYC 又は GYL からの能動的な従業員に対する定期的なアンケート調査を実施するなどの方法により、コンプライアンス違反行為の早期発見に取り組むべきである。

4　その他の提言

(1)　人事制度の改善

前述第２　２　本件取引の発生原因等(2)オ(ｱ)で指摘したとおり、元所長を 20 年以上にわたり千葉営業所に配属し続けたという滞留人事が本件取引の発生の大きな原因の一つになったことに鑑み、その業務の性質等を考慮して可能な限りにおいて、GYC グループにおいて定期的な人事ローテーションを原則化する必要があり、特に、監視がおよびにくく、不正の行われやすい業務に関しては優先的に人事ローテーションを実施するような体制を構築しなければならない。

(2)　事業計画及び予算管理方法の改善

前述第２　２　本件取引の発生原因等(2)オ(ｲ)で指摘したとおり、GYC グループにおける事業計画及び予算管理におけるトップダウン的な数値目標設定が現場に過剰な圧力をかけた可能性がある。したがって、経営陣が事業計画及び予算管理を策定するに当たっては、緊密なコミュニケーションを図ること等により、現場の意見及び取引見通し等の現状を適切に認識できるよう努力するべきである。

(3)　各種社内規程の改訂及び運用の見直し

各該当箇所において指摘した関連規程の改訂を行うことなどを通じて、コンプライアンス体制の機能強化を図ると共に、継続的に当該関連規程が有効に機能しているかを確認する必要がある。

以　上

News Release

GS YUASA

株式会社 ジーエス・ユアサ コーポレーション

お問い合わせは　広報室

〒601-8520 京都市南区吉祥院西ノ庄猪之馬場町1番地　TEL.075-312-1214 FAX.075-312-0493 http://www.gs-yuasa.com/jp

2008年10月31日

当社子会社の不適切な取引に関する報告

株式会社 ジーエス・ユアサ コーポレーション（社長：依田 誠。以下、ＧＹＣ）は、平成２０年９月１９日付で発表した連結子会社である株式会社 ジーエス・ユアサ ライティング（社長：前野　秀行。本社：京都市南区。以下、ＧＹＬ）の「当社子会社の不適切な取引について」につきまして、当社が設置しました外部調査委員会から平成２０年１０月２８日付で調査報告書を受理いたしました。

会社として、内容の詳細把握およびこれまでの事業運営体制などに対する総括作業を鋭意行ってまいり、上記取引（以下、本件取引）の内容、決算への影響、再発防止策などがまとまりましたので下記の通りご報告申し上げます。

なお、受理しました調査報告書につきましては別紙をご参照ください。

記

Ⅰ．決意とお詫び（総括）

当社はこのたびの不適切な取引行為にかかわる一連の事態に関して、全容を解明すると同時に過年度および当期の決算の訂正・修正の規模を明らかにした上で、再発防止に向けた経営方針を決定いたしました。本日ここにご報告をいたします。株主および取引先をはじめとする関係者の皆様には多大なるご迷惑とご心配をおかけしましたことを改めてお詫び申し上げます。今後は同様のことを二度と起こさないという固い決意の下、当社グループ一丸となって信用の回復に努めてまいりますので、何卒ご理解とご支援を賜りますようお願い申し上げます。

Ⅱ．調査結果

１．本件取引の内容

（１）本件取引の態様

本件取引は、ＧＹＬ千葉営業所およびＧＹＬ代理店２社、ならびに照明関連器具の大手代理店など、合計８社を当事者とした他社製品の架空売買または架空工事の請負を内容とします。実際には工事ならびに製品の受け渡しは行われず、帳票だけの取引が当事者間で循環していました。架空売買と架空工事のいずれを内容とする取引であっても、本件取引によりＧＹＬ以外の当事者には１％～５％前後の利益が上がる仕組みとなっており、そのため取引が循環するごとに販売額が膨れ上がっていくことになりました。

（２）本件取引の関与者

本件調査において得られた資料による限り、本件取引において各取引先に製品の転売先と転売価格を指示していたのがＧＹＬ千葉営業所の元所長（以下、元所長）であると判明いたしました。ＧＹＣおよびＧＹＬの役員、元所長以外の従業員の本件取引への主導的な関与は認められませんでした。

（３）本件取引の動機

元所長がＧＹＬ千葉営業所の業績を引き上げるために、本件取引により売上を水増ししたものです。本件調査において、元所長は本件取引によって利益を得ていた取引先の会社社長から多額の現金を借り入れ、現在に至るまで返済していないことが判明しており、このような形で個人的な利得

を図る目的があったものと考えられます。

２．不適切な売上高および利益への影響

本件取引に関する平成１７年３月期から平成２１年３月期第２四半期までの、架空売上高の累計額は３２０億円となり、過年度分を含む連結純利益への影響額は７０億円（内、過年度分５３億円、当期分１７億円）でした。また、ＧＹＣ個別決算についても、ＧＹＬからの受取配当金の返還、およびＧＹＣに係る子会社株式評価損の計上により、純利益影響額は５億円（内、過年度分２億円、当期分３億円）となりました。この影響額は平成１７年３月期から当第２四半期の各期決算において修正および反映されます。詳細は第Ⅳ項ならびに第Ⅴ項をご参照ください。

なお、関東財務局への訂正報告書の提出ならびに過年度の決算短信の訂正開示は平成２０年１１月７日を予定しております。

Ⅲ．原因および再発防止策

１．本件取引の発生原因

元所長が本件取引を開始するに至った原因は、業況の厳しい施設照明の分野において、千葉営業所の業績を引き上げようとしたことであると考えられますが、本件取引の開始後は、Ⅱ．１．（３）で述べた個人的な利得を図る目的が本件取引の長期間の継続に寄与していると考えられます。また、長期間にわたり本件取引が発見されなかった点については、ＧＹＬのみならず、ＧＹＣおよびＧＹＣグループ全体としての内部統制システムに問題があったためであると認識しています。特に内部統制上の問題として、具体的に次の４点が挙げられます。

（１）リスク管理・コンプライアンス意識の欠如に基づく過大取引の放置

本件取引当時のＧＹＬ幹部（元社長や元営業部長）は、千葉営業所の売上が他の支店および営業所に比べて過大であることについては認識していました。また、遅くとも平成１８年２月には千葉営業所の業績に疑義を持ちつつも漫然と本件取引を放置し、具体的調査をせずＧＹＣおよびＧＹＬの取締役会にも報告していませんでした。これは、本件取引を実行した元所長もさることながら、上記幹部においても、そのリスク管理･コンプライアンス意識が欠如していたというほかありません。

（２）モニタリング体制

親会社としてのＧＹＣからＧＹＬに対する監視、およびＧＹＬ内部における監視のいずれにおいても、監視体制が有効に機能せず、結果として、本件取引を長期間にわたり発見することができませんでした。

ＧＹＣには、子会社の業務を監査する部署として監査室があります。監査室はＧＹＬに対して毎年内部監査を実施していましたが、形式的な書類の有無の確認にとどまり、取引内容の確認などの実質的な調査を行っておりませんでした。ＧＹＬでは本件取引の対象となった他社製品の仕入や販売について、元所長の指示通りに行っていました。ＧＹＬとして取引の実態について把握し、制御する仕組みが構築されていませんでした。

（３）従業員などからの情報収集体制

ＧＹＬを含むＧＹＣグループには内部通報制度が整備されていましたが､実効的に活用されていませんでした。

（４）人事滞留・配置体制の不備

元所長を２０年以上にわたり千葉営業所に配置し､配置転換を行っていませんでした。また､平成１６年以降、元所長と管理監督権限のない１名の従業員という人員配置になっていたため､千葉営業所における監視体制が機能していませんでした。

２．再発防止策

外部調査委員会からの提言を受け、当社として本件取引の発生原因を再認識した上で、本件取引のような不正取引が二度と発生しないよう、以下の通りの再発防止策を導入することとし、当社および当社グループ全体の内部統制システムの再構築に早急に着手いたします。

（１）コンプライアンス意識の改革

（ａ）経営トップによる「反省と誓い」

今回のコンプライアンスに係る不祥事を起こしたことを深く反省し、今後はコンプライアンスの徹底を誓います。経営トップが、このことを当社グループ全社員へ宣言し、誓うとともに、「反省と誓い」を社員全員と共有いたします。

（ｂ）コンプライアンス教育

当社グループの全社員を対象に、コンプライアンス教育（法令順守、社内規則遵守、企業倫理など）を実施いたします。また、平成２１年３月末までの間に、外部講師による研修を階層別に実施いたします。加えて、当該階層別のコンプライアンス研修を平成２１年４月以降も体系的な教育カリキュラムとして定着させ継続的な研修を行います。また、企業倫理基準、企業倫理行動ガイドライン、企業倫理ヘルプラインに重点を置き、現在ＧＹＣが制定しているコンプライアンスマニュアルを社員が読みやすく分かりやすい内容のものとするなどの改訂を行い、当該コンプライアンスマニュアルに関する説明会を当社グループ各社にて行うなど、コンプライアンスに関する教育の充実を図ります。

（ｃ）コンプライアンス調査

当社グループ全社員を対象に、定期的なコンプライアンスに関するアンケート調査を実施いたします。

（２）監視活動の強化

（ａ）ＧＹＣによる監視活動の強化

当社グループでは現在、当社の中に設置された内部統制室、監査室および財務統括部業務指導グループの３組織が別体制で監視活動を行っています。しかし、当該監視活動が必ずしも十分なものではなく、その結果、本件取引が発生したことに鑑み、今後は下記の内容にて監視活動を強化し、二重三重のチェックを行います。

①内部統制システムの構築

当社グループでは平成１８年１０月１日にプロジェクトを立ち上げ、平成２０年１０月１日にその活動を引き継ぐ形でＧＹＣ取締役社長直轄の組織である内部統制室を設置いたしました。現在、当社グループ全体の全社的統制や業務プロセス統制における（ⅰ）業務の有効性および効率性、（ⅱ）財務報告の信頼性、（ⅲ）事業活動に関わる法令などの遵守、および（ⅳ）資産の保全などに鋭意取り組んでいます。この取り組みの中で、特にＧＹＬにおける内部統制上の重大な欠陥についての改善活動を継続的に行います。

②監査室の体制強化

ＧＹＣ取締役社長直轄の組織である監査室の権限を強化します。従来の内部監査では、被監査部門には監査内容を基本的に事前通知していましたが、今後は監査当日に対象とする取引案件を提示した上で証憑類の提出を要求することに加え、現地での現物確認などにより取引の実在性についても確認を行います。さらに、内部監査の終了後に提出する監査報告書に記載した指摘事項に対して、被監査部門に改善報告書の提出を徹底させ、フォロー監査も行います。これらを平成２０年１１月より実施し、内部監査の質を高めます。

③業務指導グループの活用

本件取引が発覚する以前から、ＧＹＣ財務統括部の下に業務指導グループという組織があり、事業子会社４社と株式会社 ジーエス･ユアサ パワーサプライ（社長:依田　誠。本社：京都市南区。以下、ＧＹＰ）内の３事業本部の業務に不適切な処理がないか調査していました。業務指導グループでは今後、まず平成２０年１２月より約１年間かけて、証憑類の確認にとどまらず、現地で現物を現実に確認するなど、より実地における調査手法を採用することにより、事業子会社およびＧＹＰの各事業本部における取引実態の実在性を確認いたします。

（ｂ）ＧＹＬ内部における監視活動の強化

①当社グループ事業体制の見直し

今回の不適切な取引を行った事業子会社ＧＹＬを消滅会社とし、グループ中核の事業子会社であるＧＹＰを存続会社として、平成２１年２月をめどに吸収合併を行う予定です。これにより、ＧＹＰの経営管理の下で、毎月事業部門単位で幹部会を開催し、業績の進捗確認、今後の業績見通し、および事業での問題点などを確認いたします。

②他の部署からのモニタリングの強化

ＧＹＬが自社生産品と併せて販売する他社製品のポールなどを購入した場合、購入品をＧＹＬの工場や倉庫に受け入れることなく、ほとんどが製造元から現場へ直送されます。このような場合、従来は現物チェックを行っておりませんでしたが、今後は製造元から出荷した後に現地にて現物を確認いたします。「製品納入の現地確認」をもって売上計上を行います。また、現物の写真撮影を行い、確認者がサインした上で当該物件の他の証憑類とともに記録保管いたします。これらは平成２０年１０月より実施しています。

③各営業所内におけるモニタリングの強化

今回不適切な取引が発生したＧＹＬ千葉営業所は、元所長と女性社員の２名体制の営業拠点でした。今後は当社グループ各社の営業拠点の最小人員単位を３名とし、不正な業務が二度と発生しないよう、相互牽制機能を働かせます。

④業務フロー上におけるモニタリングの強化

（ｉ）購入再販品のみの取引の禁止

ＧＹＬ自社生産品を含まない、購入再販品のみの仕入・販売の取引を平成２０年１０月より禁止いたしました。今後は購入再販品のみでの取引ができない仕組みへ、新たに社内ルールを作成し、運用を徹底いたします。

（ii）ＧＹＬ与信管理マニュアル

平成２０年４月に制定し、与信管理や回収管理について定めていますが運用できておりませんでした。内容を見直した上で、確実な運用を実施いたします。

（ｃ）ＧＹＬ業務分掌規則、ＧＹＬ職務権限規則

資材購入品の担当部署、決定権限者を明確にいたします。また、営業各拠点に対する管理・監督を厳格にいたします。

（３）従業員からの情報の伝達

（ａ）ＧＹＣ企業倫理ヘルプライン規程

当社グループの内部通報制度は、グループ社員全員が顕名で利用できます。しかしながら、今回のＧＹＬの不適切な取引に関し、当制度が利用されなかったことから、より利用しやすい制度に改正いたします。今後は匿名でも利用できるようにした上で、外部受付窓口の担当弁護士名と専用電話番号を明記いたします。これを社内イントラネット掲示板に掲載し、当社グループ全社員へ周知いたします。また、内部通報制度とは別に、当社グループの取引先など社外の第三者が利用可能な外部通報制度を新たに設けます。

（４）人事制度の見直し

（ａ）人事ローテーション

本件取引が、同一職務における長期間の在籍を１つの原因として発生していることに鑑み、ＧＹＬ社員の中で、その職務の性質上、他の業務への異動が困難である業種（技術開発職、専門職、特定業務職および製造職など）を除き、１つの職場において同一職務への従事が長期にわたる者については、適時・適切に人事異動を実施いたします。加えて、ＧＹＬのみならず、当社グループ内の全社においても滞留人事の総点検を行い、同様に順次人事異動を実施いたします。原則として、滞留人事は認めない人事制度といたします。

（ｂ）人事交流の活発化

ＧＹＬは当社グループの中核事業である電池・電源事業とは製品が異なったため、その性質上、他部門との人事交流はほとんどありませんでした。今回の前述（２）（ｂ）①項の当社グループ事業体制の見直しを機に、今後は当社グループの他の事業子会社との人事交流を活発に行い、風通しの良い会社とすべく企業風土を改善いたします。

Ⅳ．過年度決算の訂正

１．連結およびＧＹＣ個別決算　平成１７年３月期～平成２０年３月期

（単位：百万円）

		連結決算			GYC個別決算		
		訂正前(A)	訂正後(B)	訂正額(B-A)	訂正前(A)	訂正後(B)	訂正額(B-A)
第1期 平成17年3月期	売上高	239,696	234,293	△ 5,402	5,002	5,002	0
	営業利益	1,191	876	△ 314	1,684	1,684	0
	経常利益	26	△ 287	△ 314	1,777	1,777	0
	税引前当期純利益	△ 5,467	△ 8,089	△ 2,622	1,688	1,688	0
	当期純利益	△ 14,732	△ 17,354	△ 2,622	982	982	0
第2期 平成18年3月期	売上高	243,428	235,137	△ 8,291	6,099	6,074	△ 25
	営業利益	5,652	5,179	△ 472	2,617	2,592	△ 25
	経常利益	5,099	4,626	△ 472	3,101	3,075	△ 25
	税引前当期純利益	1,358	885	△ 472	2,879	2,854	△ 25
	当期純利益	598	125	△ 472	1,865	1,840	△ 25
第3期 平成19年3月期	売上高	260,732	253,598	△ 7,134	4,233	4,225	△ 8
	営業利益	6,789	6,343	△ 446	1,927	1,919	△ 8
	経常利益	5,517	5,070	△ 446	2,289	2,281	△ 8
	税引前当期純利益	3,062	2,062	△ 999	2,095	2,087	△ 8
	当期純利益	4,130	3,131	△ 999	1,939	1,931	△ 8
第4期 平成20年3月期	売上高	312,012	303,727	△ 8,285	2,700	2,500	△ 200
	営業利益	12,384	11,891	△ 493	335	135	△ 200
	経常利益	9,946	9,453	△ 493	971	771	△ 200
	税引前当期純利益	4,491	3,280	△ 1,211	740	540	△ 200
	当期純利益	2,670	1,459	△ 1,211	676	476	△ 200

２．連結およびＧＹＣ個別中間決算　平成１７年３月期～平成２０年３月期

（単位：百万円）

		連結決算			GYC個別決算		
		訂正前(A)	訂正後(B)	訂正額(B-A)	訂正前(A)	訂正後(B)	訂正額(B-A)
第1期 平成17年3月期 （中間期）	売上高	111,277	108,807	△ 2,470	2,221	2,221	0
	営業利益	△ 2,345	△ 2,484	△ 138	638	638	0
	経常利益	△ 3,020	△ 3,158	△ 138	531	531	0
	税引前当期純利益	△ 4,500	△ 6,181	△ 1,681	472	472	0
	当期純利益	△ 10,052	△ 11,733	△ 1,681	262	262	0
第2期 平成18年3月期 （中間期）	売上高	112,553	108,701	△ 3,851	3,212	3,186	△ 25
	営業利益	△ 708	△ 930	△ 222	1,492	1,467	△ 25
	経常利益	△ 894	△ 1,117	△ 222	1,800	1,775	△ 25
	税引前当期純利益	1,338	1,116	△ 222	1,666	1,641	△ 25
	当期純利益	556	334	△ 222	1,232	1,207	△ 25
第3期 平成19年3月期 （中間期）	売上高	120,750	117,104	△ 3,646	2,873	2,865	△ 8
	営業利益	1,122	913	△ 208	1,736	1,728	△ 8
	経常利益	1,099	891	△ 208	1,876	1,868	△ 8
	税引前当期純利益	△ 470	△ 711	△ 240	1,772	1,764	△ 8
	当期純利益	995	755	△ 240	1,622	1,614	△ 8
第4期 平成20年3月期 （中間期）	売上高	137,668	133,997	△ 3,670	1,635	1,435	△ 200
	営業利益	△ 705	△ 910	△ 205	483	283	△ 200
	経常利益	△ 1,551	△ 1,756	△ 205	856	656	△ 200
	税引前当期純利益	△ 1,333	△ 1,538	△ 205	807	607	△ 200
	当期純利益	△ 1,635	△ 1,840	△ 205	805	605	△ 200

３．連結第１四半期決算　平成２１年３月期

（単位：百万円）

		連結決算		
		訂正前(A)	訂正後(B)	訂正額(B-A)
第5期 平成21年3月期 （第1四半期）	売上高	71,724	69,582	△ 2,142
	営業利益	2,499	2,301	△ 197
	経常利益	3,347	3,149	△ 197
	税引前当期純利益	2,538	1,934	△ 603
	当期純利益	1,765	1,161	△ 603

Ⅴ．当期業績への影響

平成２１年３月期の修正業績予想と、本件取引による影響額は以下の通りです。業績予想修正の内容については本日発表の「業績予想の修正および特別損失の発生に関するお知らせ」をご参照ください。

１．連結第２四半期決算　平成２１年３月期

（単位：百万円）

		連結（業績予想）		
		前回予想	修正予想	修正額(B-A)
第5期 平成21年3月期 （第2四半期）	売上高	160,000	145,000	△ 15,000
	営業利益	3,000	6,500	3,500
	経常利益	2,000	6,500	4,500
	当期純利益	1,000	2,500	1,500

※前回予想：平成20年8月8日発表

２．連結決算　平成２１年３月期

（単位：百万円）

		連結（業績予想）		
		訂正前(A)	訂正後(B)	訂正額(B-A)
第5期 平成21年3月期	売上高	340,000	300,000	△ 40,000
	営業利益	13,000	13,000	0
	経常利益	12,000	12,000	0
	当期純利益	6,000	4,000	△ 2,000

※前回予想：平成20年8月8日発表

３．本件取引による影響額

上記業績予想のうち本件取引に関する影響額は以下の通りであり、当期影響額については第２四半期において処理いたします。

[連結業績]　（単位：百万円）

	当　期	過 年 度	影響額の累計
	平成21年3月期	平成17年3月期 ～平成20年3月期	
売上高	△ 2,928	△ 29,112	△ 32,040
営業利益	△ 279	△ 1,725	△ 2,004
経常利益	△ 279	△ 1,725	△ 2,004
当期純利益	△ 1,755	△ 5,304	△ 7,060

[GYC個別業績]　（単位：百万円）

	当　期	過 年 度	影響額の累計
	平成21年3月期	平成17年3月期 ～平成20年3月期	
売上高	△ 95	△ 233	△ 328
営業利益	△ 95	△ 233	△ 328
経常利益	△ 95	△ 233	△ 328
当期純利益	△ 302	△ 233	△ 535

Ⅵ. 関係者の処分

調査委員会提言を受けて、本件取引に関する各関係者の処分を行います。処分の内容は以下の通りです。

１．本件取引の実行行為者

・ ＧＹＬ千葉営業所元所長		懲戒解雇（１０月３０日付）

２．ＧＹＬ役員

・ 代表取締役社長	前野 秀行	取締役を辞任いたします
・ 専務取締役	奈良 勇二	取締役を辞任いたします

３．ＧＹＣ取締役

子会社の不適切な取引により過年度決算および当期業績修正に至った責任を重く受け止め、以下の通り報酬を返上いたします。

・ 代表取締役会長	秋山 寛	報酬月額２０％を３ヶ月減額
・ 代表取締役社長	依田 誠	報酬月額２０％を３ヶ月減額
・ 代表取締役副社長	上田 温之	報酬月額２０％を３ヶ月減額
・ 専務取締役	中村 正昭	報酬月額１０％を３ヶ月減額
・ 常務取締役	前野 秀行	報酬月額３０％を３ヶ月減額
・ 常務取締役	小野 勝行	報酬月額１０％を３ヶ月減額
・ 常務取締役	椎名 耕一	報酬月額１０％を３ヶ月減額
・ 取締役	北村 昇	報酬月額１０％を３ヶ月減額

４．ＧＹＣ監査役

子会社の不適切な取引により過年度決算および当期業績修正に至った責任を重く受け止め、以下の通り報酬を返上いたします。

・ 常勤監査役	楠山 俊輔	報酬月額１０％を３ヶ月減額
・ 常勤監査役	植村 茂夫	報酬月額１０％を３ヶ月減額
・ 常勤監査役	清水 正	報酬月額１０％を３ヶ月減額
・ 非常勤監査役	藤井 勲	報酬月額１０％を３ヶ月減額

以上

（財）財務会計基準機構会員
平成20年11月21日

各位

会　社　名　株式会社 ジーエス・ユアサ コーポレーション
代　表　者　取締役社長　　　　依田　誠
（コード番号6674　東証第一部・大証第一部）
問合せ先　執行役員　広報室長　西田　啓
（TEL.075-312-1214）

東京証券取引所への「改善報告書」の提出について

当社は、過年度の決算短信等を訂正した件について、平成20年11月7日付けで、東京証券取引所から「改善報告書」の提出を求められておりましたが、本日別添のとおり提出いたしましたのでご報告いたします。

別添書類：改善報告書

以上

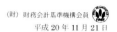

改 善 報 告 書

平成 20 年 11 月 21 日

株式会社 東京証券取引所
　代表取締役社長　斉藤　惇　殿

株式会社 ジーエス・ユアサ コーポレーション
代表取締役社長　依田　誠

このたびの当社子会社による不適切な取引の件について、有価証券上場規程第 502 条第 3 項の規定に基づき、その経緯及び改善措置を記載した改善報告書をここに提出いたします。

第1　経緯

1.　過年度決算短信等を訂正するに至った経緯

(1)　過年度決算短信等を訂正すべき事由の認識と外部調査委員会の設置

本年 7 月下旬、当社の社内会議において、当社の 100%子会社であり、照明関連器具の製造、販売を業とする株式会社 ジーエス・ユアサ ライティング(以下「GYL」といいます。)千葉営業所の売上金額が事業規模に比べて大きく、かつ売掛金延滞月数の長期化傾向に改善がみられない旨の指摘がなされたため、当社は、GYL 千葉営業所の事業内容についての調査を開始しました。そして、かかる調査により、本年 8 月、GYL 千葉営業所で計上された売上金額のうち、実体を伴わない疑いのある取引にかかわるものがあることが確認されたため、更に調査を行った結果、同営業所において、少なくとも平成 16 年 4 月から平成 20 年 7 月までの間、複数の取引先との間で取引実体を伴わない売上げ及び仕入れを計上する、いわゆる循環取引(以下「本件取引」といいます。)が行われていることが判明しました。

当社は、本件取引の存在を確認した直後の本年 9 月 19 日、本件取引の迅速な解明、当社の業績におよぼす影響、経営責任、及び関係者の処分を含む再発防止策の策定につき的確な提言を受けることなどを目的として、弁護士及び公認会計士によって構成される外部調査委員会を設置しました。なお、本件取引が当社の過年度決算等に及ぼす影響等の調査については、その作業の膨大さに鑑み、当社において、外部調査委員会委員の公認会計士とは別の公認会計士に具体的調査を依頼し、外部調査委員会委員の公認会計士が当該調査の結果報告の利用について助言を行うという方法によりました。

(2)　外部調査委員会による調査結果

ア　本件取引の概要

当社は、本年 10 月 28 日、外部調査委員会から調査報告書を受領しました。当該調査報告書によれば、GYL 千葉営業所及び GYL 販売代理店 2 社、並びに照明関連器具の大手販売代理店など、合計 8 社を当事者とした他社製品の架空売買又は架空工事の請負を内容とする本件取引が GYL 千葉営業所の元所長(以下「元所長」といいます。)の指示に基づいて行われていたことが明らかとなっています。

本件取引のうち他社製品の架空売買を内容とする場合、取引の流れは「GYL→X→Y→GYL」となり、また、架空取引であるため、製品の受け渡し自体も存在しません。本件取引の当事者の組み合わせは様々ですが、製品の受け渡しが行われず、帳票だけの取引が一定の当事者間で行われ、最終的に GYL に戻ることになりました。他方、架空工事の請負を内容とする場合も、取引の流れは「GYL→X→Y→GYL」となりますが、架空工事の請負の形をとるのは GYL・X 間の取引のみであり、(Y が工事業者でない限り)X・Y 間及び Y・GYL 間の取引は、製品の架空売買という形をとっていました。この場合の当事者の組み合わせも様々ですが、工事の実施及び製品の受け渡しは行われず、帳票だけの取引が一定の当事者の間で行われ、最終的に GYL に戻ることになりました。

架空売買と架空工事のいずれを内容とする場合であっても、本件取引により、GYL 以外の本件取引の当事者には、約 1%～5%の利益があがる仕組みとなっていました。GYL も、本件取引によって GYL から X に架空の目的物を販売ないし工事を受注することにより、数%の利益があがることになりますが、実体のない架空取引であることから、GYL は X に販売した目的物を最終的に再び仕入れる形の取引を行うことによって循環の輪を完結させなければならず、しかも GYL は当初 X へ販売した価格よりも高い金額で Y から仕入れることになるため、取引が一巡して GYL に架空取引の目的物が戻ってきた時点においては、必ず GYL に損失が発生していました。

イ　本件取引の関与者

外部調査委員会の調査では、本件取引は、元所長が本件取引の各当事者に指示をして行っていたものであり、当社及び GYL の役員並びに元所長以外の従業員による本件取引への主導的な関与は認められませんでした。

(3)　過年度決算短信等の訂正

当社は、本年10月28日に受領した外部調査委員会の調査報告書及び外部の公認会計士の調査結果を確認し、本件取引の実態及び本件取引に基づく過年度決算短信等の訂正を行うための調査が十分に実施されたと判断しました。もっとも、当社は、本件取引が長期間にわたり行われていたことから、元所長の作成にかかる本件取引に関する書類の大半が失われていたため、客観的な証拠に基づいて実取引であると確定のできた取引以外は全て実体のない本件取引として取り扱い、過年度決算短信等の訂正を行うことを決定しました。訂正の対象となりましたのは、平成17年3月期から平成20年3月期までの決算短信、中間決算短信及び第1期·第3期四半期財務·業績の概況、並びに平成21年3月期第1四半期決算短信です。

2. 過年度決算訂正の内容

本件取引に関する平成17年3月期から平成21年3月期第2四半期までの、架空売上高の累計額は320億円となり、過年度分を含む連結純利益への影響額は70億円(内、過年度分53億円、当期分17億円)でした。また、GYC個別決算についても、GYLからの受取配当金の返還及び当社にかかる子会社株式評価損の計上により、純利益影響額は5億円(内、過年度分2億円、当期分3億円)となりました。これらの過年度決算訂正の内容は、別紙1のとおりとなります。

第2 改善措置

1. 不適切な情報開示等を行った原因

本件取引の発生原因としては、(1)元所長が本件取引を開始し、継続した動機としての原因、及び(2)本件取引が長期間継続的に行われ、千葉営業所の売上高等の数値につき不自然な状態が継続していたにもかかわらず、長期間発見することができなかったという当社グループ及びGYLにおける内部統制システム上の欠陥としての原因、の二つが考えられます。

(1) 元所長による本件取引の開始及び継続の動機

元所長は、当初においては、GYLからの千葉営業所に対する増販要請に応える為に本件取引を開始した可能性は否定できないものの、本件取引を開始後においては、元所長が、①個人としての営業成績において好成績を維持したかったこと、②本件取引が発覚することを防ぐ目的も含めて千葉営業所の閉鎖や自己の千葉営業所からの異動という事態を回避したかったこと、及び、③個人的な利益を

得ようとしたことが、本件取引を長期間にわたり継続した動機の大きな部分を構成していたと推察されます。特に③との関係において、外部調査委員会及び当社の調査によれば、元所長は本件取引によって利益を得ていた取引先の会社社長から多額の現金を借り入れ、現在に至るまで返済していないことが判明しており、このような形で個人的な利得を図る目的があったものと考えられます。

(2)　本件取引が長期間発見されずに見過ごされてしまった原因

本件取引が長期間発見されずに見過ごされてしまった原因としては、GYL のみならず、当社及び当社グループ全体としての内部統制システムに問題があったためであると認識しています。特に内部統制上の問題として以下の点が挙げられます。

ア　リスク管理体制の不備及びコンプライアンス意識の欠如

本件取引に関して、①千葉営業所が GYL の他の支店及び営業所のビジネスモデルとは異なる、スルー取引を頻繁かつ大量に行っており、かつ当該事実は GYL 内部において認識があったこと、②特に平成 15 年 3 月期から平成 18 年 3 月期までの期間において千葉営業所の売上推移に急激な増加が認められること、③千葉営業所において行われていたかかるスルー取引の目的物のほとんどが照明用デザインポールであり、かつ GYL では千葉営業所において明らかに不自然な量の照明用デザインポールの取引を行っていることを把握していたこと、④GYL の施設照明事業においては千葉営業所以外の拠点で計画を達成することが少なかったこと、⑤千葉営業所の営業に従事する従業員数(千葉営業所において施設照明事業に関する営業に従事する従業員数は、平成 17 年以前は元所長を含め 2 名であり、平成 17 年以降は元所長だけである)とその売上高の比である、従業員 1 名あたりの売上高は明らかに他の支店及び営業所の当該指標と乖離していること、⑥千葉営業所では売上の取消処理、いわゆる赤伝票処理が頻繁に行なわれていたことなど、いくつもの徴候があったことに鑑みれば、当社においても、本件取引について実在性のリスクを認識することが不可能ではなかったと思われるにもかかわらず、結果としてそのようなリスクを明確に認識することができなかった等の点において、当社グループとしてのリスク管理体制は不十分なものでした。また、本件取引当時の GYL 幹部（元社長や元営業部長）は、千葉営業所の売上が他の支店及び営業所に比べて過大であることについて認識し、また、遅くとも平成 18 年 2 月には千葉営業所の業績につき疑義を持ちつつも漫然と本件取引を放置し、具体的調査をせず当社及び GYL の取締役会に当該事実について報告することもしませんでした。したがって、本件取引を実行した元所長もさることながら、上記幹部においても、コンプライアンスに対する意識が欠如

していたといわざるを得ません。

イ　モニタリングにおける問題点

(ア)持株会社としての当社による GYL に対するモニタリング、及び(イ)GYL 内部におけるモニタリングに関し、以下の問題点が考えられます。

(ア)　持株会社としての当社による GYL に対するモニタリング

当社グループにおいては、リスクのある会社、事業部門、営業拠点に重点をおいた監査が実施されておらず、また、実施されている監査についても、その実施方法は十分なものではありませんでした。当社には、子会社の業務を監査する部署として監査室があり、GYL に対して毎年内部監査を実施していましたが、形式的な書類の有無の確認にとどまり、取引内容の確認などの実質的な調査を行っておりませんでした。加えて、当該内部監査において作成されている内部監査報告書において、千葉営業所における業者選定及び価格交渉についての問題点・改善点が指摘されておりましたが、その後の改善状況についての確認フォローがなされておりませんでした。また、当社財務統括部内の業務指導グループは監査室とは別に内部調査(経理処理の確認及び適正処理を目的とする調査)を実施していましたが、同グループによる調査も証憑類の確認にとどまる不十分なものでした。

(イ)　GYL 内部におけるモニタリング

a.　GYL の経営陣及び管理職(以下「GYL 幹部」といいます。)によるモニタリングの欠如

GYL 幹部は、千葉営業所へ定期的に訪問する等の適切なモニタリングをほとんど実施していませんでした。特に、元 GYL 社長及び元 GYL 営業部長は、GYL の売上を支えていた千葉営業所に関して不適切な取引の端緒となる事実をいくつも認識し、又は十分認識し得たにもかかわらず、これを漫然と放置していました。このように、GYL の経営陣及び管理職によるモニタリングが有効に機能していませんでした。

b.　他の部署からのモニタリングの欠如

GYL の営業活動をモニタリングするはずの企画部と営業部との間における、営業管理に関する有機的な情報交換やコミュニケー

資料4
改善報告書

ションが不足していたため、企画部によって千葉営業所の問題が指摘されることはありませんでした。また、GYL の調達管理 グループは資材の伝票管理等を行っており、千葉営業所において他社製品(具体的には照明用ポール)が大量に取引されていることを把握していましたが、何らの調査及び対策も講じませんでした。このように、GYL 内部において、他部署からのモニタリングが有効に機能していませんでした。

c.　営業所内におけるモニタリングの欠如

千葉営業所では、平成 17 年以降は元所長 1 名と管理監督権限のない 1 名の事務担当者のみという人員配置でした。そのため、千葉営業所内において、元所長の行動は事務担当者以外からは監視されない環境となっており、相互牽制が機能しない状態でした。

d.　業務フロー上のモニタリングの欠如

GYL においては、日々の業務に関する社内規則・マニュアル等が存在しないか、又は存在したとしても有効に機能していない状況であり、その結果、GYL 内部における業務管理に以下のような不備が生じていました。

(a)　基本契約書の締結・管理

GYL においては取引先との間の基本契約書の締結・管理が徹底されず、契約書締結の必要性の有無が元 GYL 営業部長の一存により決定されていた等、業務管理方法に不備がありました。

(b)　与信限度額の把握

本件において、債権管理を担当する千葉営業所事務担当者が新規顧客及び継続取引先に対する与信の上限金額を把握していない等、現場レベルの与信管理が有効に機能していませんでした。

(c)　滞留売上債権管理

千葉営業所内における債権管理の役割分担及び方法はマニュアル化されておらず、滞留売上債権管理も適切になされていませんでした。

(d) 買掛金債務に関する取引先からの残高確認書に対する対応

本件においては、取引先から千葉営業所に送付された買掛金債務に関する残高確認書上の金額と、帳簿上の買掛金債務額の異同にかかわらず残高確認書に押印がなされ、それが返送されている等、買掛金債務に関する適正な残高確認手続がなされていませんでした。

(e) 売上計上時期

本件取引では、現物の現場への納品又は工事施工がなされていないにもかかわらず、納入先押印済み検収書による仕入検収が行われ、それに伴う売上が計上されていました。

(f) 現物確認の不実施

GYL の業務フローにおいては統計上の数字のみがチェックされており、現物確認が実施されていませんでした。

e. 監査役によるモニタリングの欠如

元 GYL 監査役は一人で多数のグループ会社の監査役を兼任する等、GYL の監査役によるモニタリングが十分に機能する体制ではありませんでした。

ウ 情報収集体制の機能不全

本件においては、不適切な取引の徴候を認識していた者が存在したと思われますが、それにもかかわらず、当社グループの設置する内部通報制度を利用した報告又は相談は一切なされませんでした。当該内部通報制度には、①顕名で行わなければならないこと、②外部窓口としては法律事務所名･電話番号が記載されているのみであり、担当弁護士個人名や直通電話番号等である旨が記載されていないこと等、内部通報制度の利用促進を減殺する事情があったと思われます。

エ その他の原因

(ｱ) 人事配置の滞留

元所長を 20 年以上にわたり千葉営業所に配属し、配置転換を行わず、不適切な取引の温床を作ってしまいました。

(ｲ) 事業計画、予算管理方法の問題

GYLにおける予算及び事業計画の策定に関し、現場の現実との乖離が生じていました。

2. 再発防止に向けた今後の改善措置

(1) 当社グループにおけるコンプライアンス意識の改革

当社グループはこの度の不祥事を深く反省し、今後はコンプライアンス(法令・社内規則の遵守、企業倫理の尊重等)を徹底し、当社グループのコンプライアンス意識を高めるべく以下のような措置を実施いたします。

ア コンプライアンス教育の実施

当社グループの全社員を対象として、コンプライアンスのための教育を定期的に実施いたします。外部講師による階層別研修を実施し、当該研修を継続し、教育カリキュラムを体系化する等、より充実したコンプライアンス教育を実施すべく努力を継続いたします。

また、特に企業倫理規準、企業倫理行動ガイドライン及び企業倫理ヘルプラインに重点を置き、当社のコンプライアンスマニュアルを社員に理解しやすい内容にする等の改訂を行った上、当該コンプライアンスマニュアルに関する説明会を当社グループ各社にて実施いたします。

イ コンプライアンス調査

当社グループ全社員を対象としたコンプライアンスに関するアンケート調査を定期的に実施することにより、常に社員の意識に触れ、コンプライアンス意識の改革が形骸化しないよう細心の注意を払います。

(2) 当社グループの連結子会社を対象とした内部監査の充実(内部監査の実施方法の厳格化及び問題事項のフォローアップの徹底)

ア 内部統制システムの構築

当社グループでは平成18年10月1日にプロジェクトを立ち上げ、平成20年10月1日にその活動を引き継ぐ形で当社取締役社長直轄の組織である内部統制室を設置し、現在、当社グループ全体の全社的統制や業務プロセス統制における①業務の有効性及び妥当性確保、②財務報告の信頼性維持、③事業活動に関わる適用法令等の遵守、並びに④資産の保全等に鋭意取り組んでおります。この取り組みの中で、特にGYLにおける内部統制上の重大な欠陥についての改善活動を継続的に行います。なお、具体策については後述する(3)、(4)に記載しております。

イ　監査室の体制強化

当社取締役社長直轄の組織である監査室の体制を強化するため、増員いたします。また、かかる監査室による内部監査においては、従来、被監査部門に対し、監査内容が事前に通知されていました。しかしながら、今後は、監査当日に対象とする取引案件を提示した上で証憑類の提出を要求するなど、より監査の実効性を高めます。また、内部監査の具体的運用を、証憑類の確認のみならず、現地での現物確認を行うなどにより取引の実在性について確認する運用に改めます。また、内部監査の結果を受けた監査報告書で指摘された事項に関しては、被監査部門に改善計画書の提出を徹底させた上で、当該被監査部門が改善計画書に記載された改善策を適切に実施しているかにつき、フォロー監査を実施いたします。なお、上記監査手法についてはマニュアルを整備した上で運用してまいります。

(3)　当社の経営陣及び子会社管理部署による連結子会社及び孫会社のモニタリング体制並びに当社グループ全体としてのモニタリング体制の構築

ア　当社の経営陣による連結子会社のモニタリング

当社の社長は、月次のグループ事業会議において、当社の連結子会社のうち事業子会社 4 社及び株式会社 ジーエス・ユアサ パワーサプライ(以下「GYP」といいます。)内の 3 事業本部並びにそれらの主管する子会社(以下「孫会社」といいます。)の経営実態を各々の責任者からの報告及びこれに対するヒアリング等の手法によりモニタリングすると共に、月次の個別幹部会において、GYP 内の 3 事業本部及び孫会社の業績・個別重要課題の検討等を行うことにより、経営実態をモニタリングしています。これに加え、今後は月次の個別幹部会において各々の責任者からコンプライアンスリスクの有無を報告させ、各事業本部におけるコンプライアンスリスクの評価及び確認を実施いたします。この点、平成 21 年 2 月を目処に、今回の不適切な取引を行った事業子会社 GYL を消滅会社とし、グループ中核の事業子会社である GYP を存続会社として、吸収合併を行う予定ですが、これにより、GYL を GYP の経営管理の下に配置し、毎月事業部門単位で幹部会を開催し、予算及び事業計画の策定、業績の進捗確認、今後の業績見通し、及び事業での問題点などを確認することにより、より実効性のあるモニタリングを行います。組織の変更内容については、別紙 2-1 及び 2-2 のとおりとなります。

イ　子会社管理部署による連結子会社のモニタリング

当社内の子会社管理部署としては、当社の財務統括部がありますが、本件

取引が発覚する以前から、財務統括部内の業務指導グループにより、事業子会社4社とGYP内の3事業本部の業務に不適切な処理がないか調査していました。業務指導グループでは今後、まず平成20年12月より約1年間(1社あるいは1事業本部あたり約2か月)かけて、証憑類の確認にとどまらず、現地で現物を現実に確認するなど、より実地における調査手法を採用することにより、事業子会社及びGYPの各事業本部における取引実態の実在性を確認いたします。なお、上記調査手法についてはマニュアルを整備した上で運用してまいります。

また、孫会社については、財務統括部内の関係会社管理グループによる業績を中心としたモニタリングを実施し、半期毎に当社の常務会及び取締役会へ結果を報告しております。一方、孫会社を主管する事業子会社及びGYPの各事業本部においては、孫会社より業績の報告を受け、検討を行うための業績検討会を半期毎に実施しております。今後とも、これらの活動を続けてまいります。

ウ　当社グループにおける従業員からの情報の伝達制度の整備

上記 2.(1)イのコンプライアンス調査により、能動的に従業員からの情報収集を図るとともに、以下の通り、内部通報制度の見直し及び外部通報制度の導入を行います。

(ｱ)　内部通報制度

本件においては、GYLの不適切な取引に疑念を有していた従業員が存在していたにもかかわらず、同制度が利用されませんでした。したがって、同制度をより利用しやすい制度に改める必要があり、今後は、①同制度の匿名での利用を認め、また、②外部受付窓口の担当弁護士名と専用電話番号を明記いたします。更に、内部通報制度の存在・利用方法を社内イントラネット掲示板に掲載し、再度当社グループ全社員に周知徹底いたします。

(ｲ)　外部通報制度

内部通報制度とは別に、当社グループの取引先など社外の第三者が利用可能な外部通報制度を新たに設けます。

エ　人事制度の見直し

(ｱ)　人事ローテーション

本件取引が、同一職務における長期間の在籍を1つの原因として発生していることに鑑み、GYL(照明事業部門)社員において1つの職場で

同一職務に長期にわたって従事する者については、適時・適切に人事異動を実施いたします(その職務の性質上、他の業務への異動が困難である技術開発職、専門職、特定業務職及び製造職等の業種についても長期滞留人事については留意してまいります)。また、GYL のみならず、当社グループ内の各社においても滞留人事の総点検を行い、原則として滞留人事を認めない人事制度といたします。具体的には、事業子会社及び GYP の各事業本部においては、当社の人事統括部が同一職場、同一職務の履歴管理を行い、その人事データを当該部門長と共有します。その上で、長期滞留者については人事委員会(当社人事担当役員を責任者として、人事重要案件を審議する機関です。)にて管理し、毎年 4 月の定期人事異動時に適切に人事異動を実施いたします。また、孫会社においては、当該会社の人事部門が滞留人事を点検し、適時・適切に人事異動を実施いたします。

(イ) 人事交流の活発化

当社グループの他の事業子会社との人事交流を活発に行い、風通しの良い会社とすべく、企業風土を改善いたします。

オ GYL(照明事業部門)における監視活動の強化

(ア) 当社グループ事業体制の見直し

前述の通り、GYL を消滅会社とし、GYP を存続会社として、平成 21 年 2 月を目処に吸収合併を実施いたします。これにより、GYL を照明事業部門として GYP の経営管理下に置き、毎月開催される事業部門単位における幹部会において予算及び事業計画の策定・業績の進捗確認･今後の業績見通し･事業での問題点等を定期的に確認･改善いたします。

(イ) 他の部署からのモニタリングの強化

GYL においては自社生産品と併せて販売するポール等の他社製品を購入した場合、購入品を GYL の工場や倉庫に受け入れることなく、製造元から現場へ直送されることが大半であり、現物チェックは実施されていませんでした。しかしながら、今後は調達管理グループが出荷前に製造元へ出向き、立会検査を実施し、あるいは製造元からの出荷後に当該営業部門以外の部門が現地において現物確認を実施し、売上計上についてもかかる現物確認を終了した時点で行うことといたします。更に、現物の写真撮影を行い、確認者がサインした上で当該物件の他の証憑類とともに記録保管いたします。かかる措置は GYL が GYP に吸収合併された後も照明事業部門における改善策として引き続き実施いたしま

す。なお、当該措置についてはマニュアルを整備し運用してまいります。

(ｳ) 各営業所内におけるモニタリングの強化

不適切な取引を行った GYL 千葉営業所は、元所長と女性社員の 2 名体制の営業拠点であり、相互牽制体制が機能しませんでしたので、今後は当社グループ各社の営業拠点の最小人員単位を 3 名といたします。かかる措置は GYL が GYP に吸収合併された後も照明事業部門における改善策として引き続き実施いたします。実施後は、事業子会社及び GYP の各事業本部においては、当社人事統括部が毎年 4 月の定期人事異動時に営業拠点の最小人員を点検し、営業拠点における 3 名以上体制を確実に維持いたします。また、孫会社においては、当該会社の人事部門が同様に点検し、営業拠点における 3 名以上体制を確実に維持いたします。

(ｴ) 業務フロー上におけるモニタリングの強化(購入再販品のみの取引の禁止)

GYL においては、平成 20 年 10 月より、自社生産品を含まない、購入再販品のみの仕入・販売の取引は禁止いたしました。更に、今後は購入再販品のみでの取引ができないことを担保するための社内ルールを作成の上、運用を徹底いたします。かかる措置は GYL が GYP に吸収合併された後も照明事業部門における改善策として引き続き実施いたします。

(4) 連結子会社における規程及びマニュアルの整備及び運用の改善

ア　GYL(照明事業部門)における規程及びマニュアルについて

(ｱ) 与信管理マニュアル

平成 20 年 4 月に制定し、与信管理や回収管理について定めていますが運用できておりませんでした。内容を見直した上で、確実な運用を実施いたします。かかる措置は GYL が GYP に吸収合併された後も照明事業部門における改善策として引き続き実施いたします。

(ｲ) GYL(照明事業部門)の業務分掌規則及び職務権限規則

資材購入品の担当部署、決定権限者を明確にいたします。また、営業各拠点に対する管理・監督を厳格にいたします。かかる措置は GYL が GYP に吸収合併された後も照明事業部門における改善策として引き続き実施いたします。

イ　GYL（照明事業部門）以外の事業子会社、GYP の事業本部及び孫会社における規程及びマニュアルの整備及び運用の改善

(ｱ)　売上債権管理規程、与信管理マニュアル等

GYL（照明事業部門）以外の事業子会社及び GYP の事業本部においても、GYL 同様に、与信管理や回収管理について定めた規程、マニュアル類の内容を見直した上で、確実な運用を実施いたします。なお、孫会社についてもそれらを主管する事業子会社及び GYP の事業本部の規程等を展開し、運用してまいります。

(ｲ)　業務分掌規則、職務権限規則

GYL（照明事業部門）以外の事業子会社及び GYP の事業本部においても、GYL 同様に、資材購入品の担当部署、決定権限者を明確にし、営業各拠点に対する管理・監督を厳格にいたします。なお、孫会社についてもそれらを主管する事業子会社及び GYP の事業本部の規則等を展開し、運用してまいります。

3.　各改善措置の実施スケジュール

(1)　当社グループにおけるコンプライアンス意識の改革

・　階層別コンプライアンス研修

平成 21 年 3 月末までに実施完了予定であり、その後も継続的に実施予定。

・　コンプライアンスマニュアルの改訂

平成 21 年 1 月までに改訂予定。

・　コンプライアンス調査

平成 20 年 10 月以降、最低半年に一度の割合で実施予定。

(2)　当社グループの連結子会社を対象とした内部監査の充実

・　監査室の増員

平成 20 年 10 月に 1 名増員実施済み（今後更なる増員を検討）

・　監査手法の改善と厳格化（監査手続マニュアルの整備及び運用改善を含む。）

平成 21 年 3 月までに整備予定。

(3)　当社の経営陣及び子会社管理部署による連結子会社及び孫会社のモニタリング体制並びに当社グループ全体としてのモニタリング体制の構築

・　業務指導グループによる取引の実在性確認等
　平成20年12月から実施予定。
・　GYL及びGYPの吸収合併
　平成21年2月に実施予定。
・　内部通報制度の改善
　平成21年1月に実施予定。
・　外部通報制度の導入
　平成21年1月に実施予定。
・　人事ローテーションの導入
　GYL(照明事業部門)につき平成21年1月から実施予定。
　当社グループ全体として平成21年4月から実施予定。
・　GYL(照明事業部門)における現物確認等
　平成20年10月より実施済み。
・　当社グループ各社の営業拠点の最小人員単位（3名）の変更
　平成21年1月より実施予定。
・　GYL(照明事業部門)における購入再販品のみの取引禁止
　平成20年10月より実施済み。

(4)　連結子会社における規程及びマニュアルの整備及び運用の改善
・　GYL(照明事業部門)の規程及びマニュアルの整備及び運用
　平成21年1月までに見直し予定。
・　GYL(照明事業部門)以外の事業子会社及び GYP の事業本部における規程及びマニュアルの整備及び運用
　平成21年3月までに見直し予定。
・　上記規程及びマニュアルの孫会社への展開
　平成21年4月より展開予定。

4.　関係者の処分

当社は今回の事案を重く受け止め、以下のとおり関係者の処分を行うことといたしました。

(1)　本件取引の実行行為者(GYL千葉営業所元所長)
　懲戒解雇(平成20年10月30日付)

(2)　GYL役員
・　代表取締役社長　前野　秀行
　取締役を辞任いたしました(平成20年11月14日付）。

・　専務取締役　　　奈良　勇二

取締役を辞任いたしました(平成20年11月14日付)。

(3) 当社取締役

子会社の不適切な取引により過年度決算及び当期業績修正に至った責任を重く受け止め、以下の通り報酬を返上いたします(いずれも平成20年11月25日より実施)。

- 代表取締役会長　秋山 寛　報酬月額20%を3ヶ月減額
- 代表取締役社長　依田 誠　報酬月額20%を3ヶ月減額
- 代表取締役副社長　上田 温之　報酬月額20%を3ヶ月減額
- 専務取締役　中村 正昭　報酬月額10%を3ヶ月減額
- 常務取締役　前野 秀行　報酬月額30%を3ヶ月減額
- 常務取締役　小野 勝行　報酬月額10%を3ヶ月減額
- 常務取締役　椎名 耕一　報酬月額10%を3ヶ月減額
- 取締役　北村 昇　報酬月額10%を3ヶ月減額

(4) 当社監査役

子会社の不適切な取引により過年度決算及び当期業績修正に至った責任を重く受け止め、以下の通り報酬を返上いたします(いずれも平成20年11月25日より実施)。

- 常勤監査役　楠山 俊輔　報酬月額10%を3ヶ月減額
- 常勤監査役　植村 茂夫　報酬月額10%を3ヶ月減額
- 常勤監査役　清水 正　報酬月額10%を3ヶ月減額
- 非常勤監査役　藤井 勲　報酬月額10%を3ヶ月減額

5. 不適切な情報開示等が投資家及び証券市場に与えた影響についての認識

当社の開示していた過年度の決算公表数値が不適切な会計処理によるものであったため、株主、投資家並びに各関係者にご迷惑をおかけしたとともに、株式市場の信頼を損ねる結果になったことにつき、上場企業としての重大な責任があると反省するとともに、深くお詫び申し上げます。今後は、二度と本件のような不適切な会計処理が発生しないように、上記の通りの関係役員の厳正な処分を行うとともに、再発防止策を確実に実行し、当社グループ全体として関係各位の信頼回復に鋭意努力していく所存です。

以　上

別紙１

Ｉ．過年度決算の訂正

１．連結およびＧＹＣ個別決算　平成１７年３月期～平成２０年３月期

（単位：百万円）

		連結決算			GYC個別決算		
		訂正前(A)	訂正後(B)	訂正額(B-A)	訂正前(A)	訂正後(B)	訂正額(B-A)
第1期 平成17年3月期	売上高	239,696	234,293	△ 5,402	5,002	5,002	0
	営業利益	1,191	876	△ 314	1,684	1,684	0
	経常利益	26	△ 287	△ 314	1,777	1,777	0
	税引前当期純利益	△ 5,467	△ 8,089	△ 2,622	1,688	1,688	0
	当期純利益	△ 14,732	△ 17,354	△ 2,622	982	982	0
第2期 平成18年3月期	売上高	243,428	235,137	△ 8,291	6,099	6,074	△ 25
	営業利益	5,652	5,179	△ 472	2,617	2,592	△ 25
	経常利益	5,099	4,626	△ 472	3,101	3,075	△ 25
	税引前当期純利益	1,358	885	△ 472	2,879	2,854	△ 25
	当期純利益	598	125	△ 472	1,865	1,840	△ 25
第3期 平成19年3月期	売上高	260,732	253,598	△ 7,134	4,233	4,225	△ 8
	営業利益	6,789	6,343	△ 446	1,927	1,919	△ 8
	経常利益	5,517	5,070	△ 446	2,289	2,281	△ 8
	税引前当期純利益	3,062	2,062	△ 999	2,095	2,087	△ 8
	当期純利益	4,130	3,131	△ 999	1,939	1,931	△ 8
第4期 平成20年3月期	売上高	312,012	303,727	△ 8,285	2,700	2,500	△ 200
	営業利益	12,384	11,891	△ 493	335	135	△ 200
	経常利益	9,946	9,453	△ 493	971	771	△ 200
	税引前当期純利益	4,491	3,280	△ 1,211	740	540	△ 200
	当期純利益	2,670	1,459	△ 1,211	676	476	△ 200

２．連結およびＧＹＣ個別中間決算　平成１７年３月期～平成２０年３月期

（単位：百万円）

		連結決算			GYC個別決算		
		訂正前(A)	訂正後(B)	訂正額(B-A)	訂正前(A)	訂正後(B)	訂正額(B-A)
第1期 平成17年3月期 (中間期)	売上高	111,277	108,807	△ 2,470	2,221	2,221	0
	営業利益	△ 2,345	△ 2,484	△ 138	638	638	0
	経常利益	△ 3,020	△ 3,158	△ 138	531	531	0
	税引前当期純利益	△ 4,500	△ 6,181	△ 1,681	472	472	0
	当期純利益	△ 10,052	△ 11,733	△ 1,681	262	262	0
第2期 平成18年3月期 (中間期)	売上高	112,553	108,701	△ 3,851	3,212	3,186	△ 25
	営業利益	△ 708	△ 930	△ 222	1,492	1,467	△ 25
	経常利益	△ 894	△ 1,117	△ 222	1,800	1,775	△ 25
	税引前当期純利益	1,338	1,116	△ 222	1,666	1,641	△ 25
	当期純利益	556	334	△ 222	1,232	1,207	△ 25
第3期 平成19年3月期 (中間期)	売上高	120,750	117,104	△ 3,646	2,873	2,865	△ 8
	営業利益	1,122	913	△ 208	1,736	1,728	△ 8
	経常利益	1,099	891	△ 208	1,876	1,868	△ 8
	税引前当期純利益	△ 470	△ 711	△ 240	1,772	1,764	△ 8
	当期純利益	995	755	△ 240	1,622	1,614	△ 8
第4期 平成20年3月期 (中間期)	売上高	137,668	133,997	△ 3,670	1,635	1,435	△ 200
	営業利益	△ 705	△ 910	△ 205	483	283	△ 200
	経常利益	△ 1,551	△ 1,756	△ 205	856	656	△ 200
	税引前当期純利益	△ 1,333	△ 1,538	△ 205	807	607	△ 200
	当期純利益	△ 1,635	△ 1,840	△ 205	805	605	△ 200

3．連結第１四半期決算　平成２１年３月期

（単位：百万円）

		連結決算		
		訂正前(A)	訂正後(B)	訂正額(B-A)
第5期 平成21年3月期 （第1四半期）	売上高	71,724	69,582	△ 2,142
	営業利益	2,499	2,301	△ 197
	経常利益	3,347	3,149	△ 197
	税引前当期純利益	2,538	1,934	△ 603
	当期純利益	1,765	1,161	△ 603

Ⅱ．当期業績への影響

平成２１年３月期の連結業績予想と本件取引による影響額は以下の通りです。

1．連結業績予想　平成２１年３月期

（単位：百万円）

		連結業績予想
第5期 平成21年3月期	売上高	300,000
	営業利益	13,000
	経常利益	12,000
	当期純利益	4,000

※平成20年11月14日発表

2．本件取引による影響額

上記業績予想のうち本件取引に関する影響額は以下の通りです。

[連結業績]　（単位：百万円）

	当　期 平成21年3月期	過 年 度 平成17年3月期 ～平成20年3月期	影響額の累計
売上高	△ 2,928	△ 29,112	△ 32,040
営業利益	△ 279	△ 1,725	△ 2,004
経常利益	△ 279	△ 1,725	△ 2,004
当期純利益	△ 1,755	△ 5,304	△ 7,060

[GYC個別業績]　（単位：百万円）

	当　期 平成21年3月期	過 年 度 平成17年3月期 ～平成20年3月期	影響額の累計
売上高	△ 95	△ 233	△ 328
営業利益	△ 95	△ 233	△ 328
経常利益	△ 95	△ 233	△ 328
当期純利益	△ 302	△ 233	△ 535

資料4 改善報告書

1. 2008年10月1日 ジーエス・ユアサ グループ組織図

別紙2－1

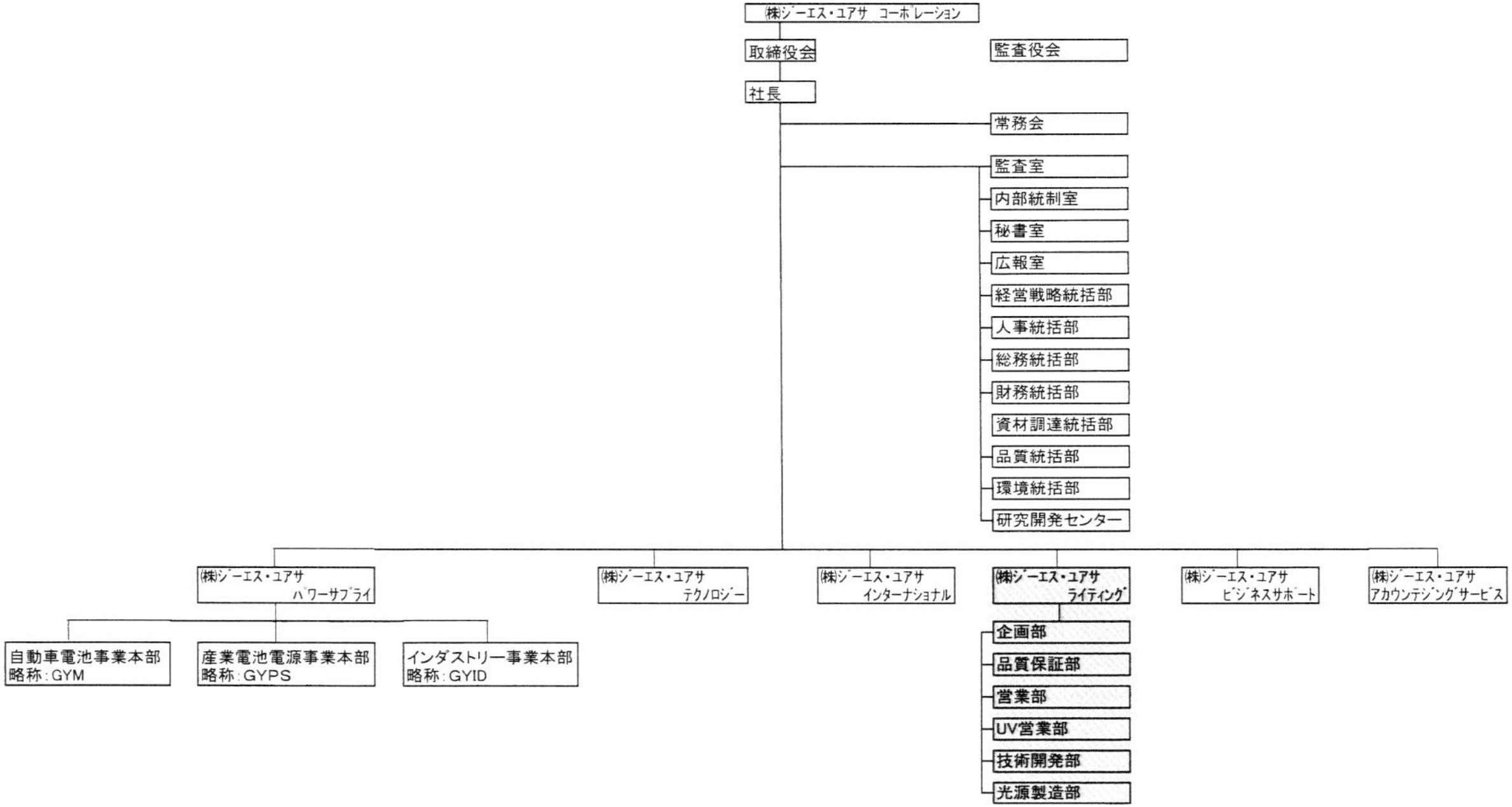

2. 2009年2月1日 ジーエス・ユアサ グループ組織図

別紙2－2

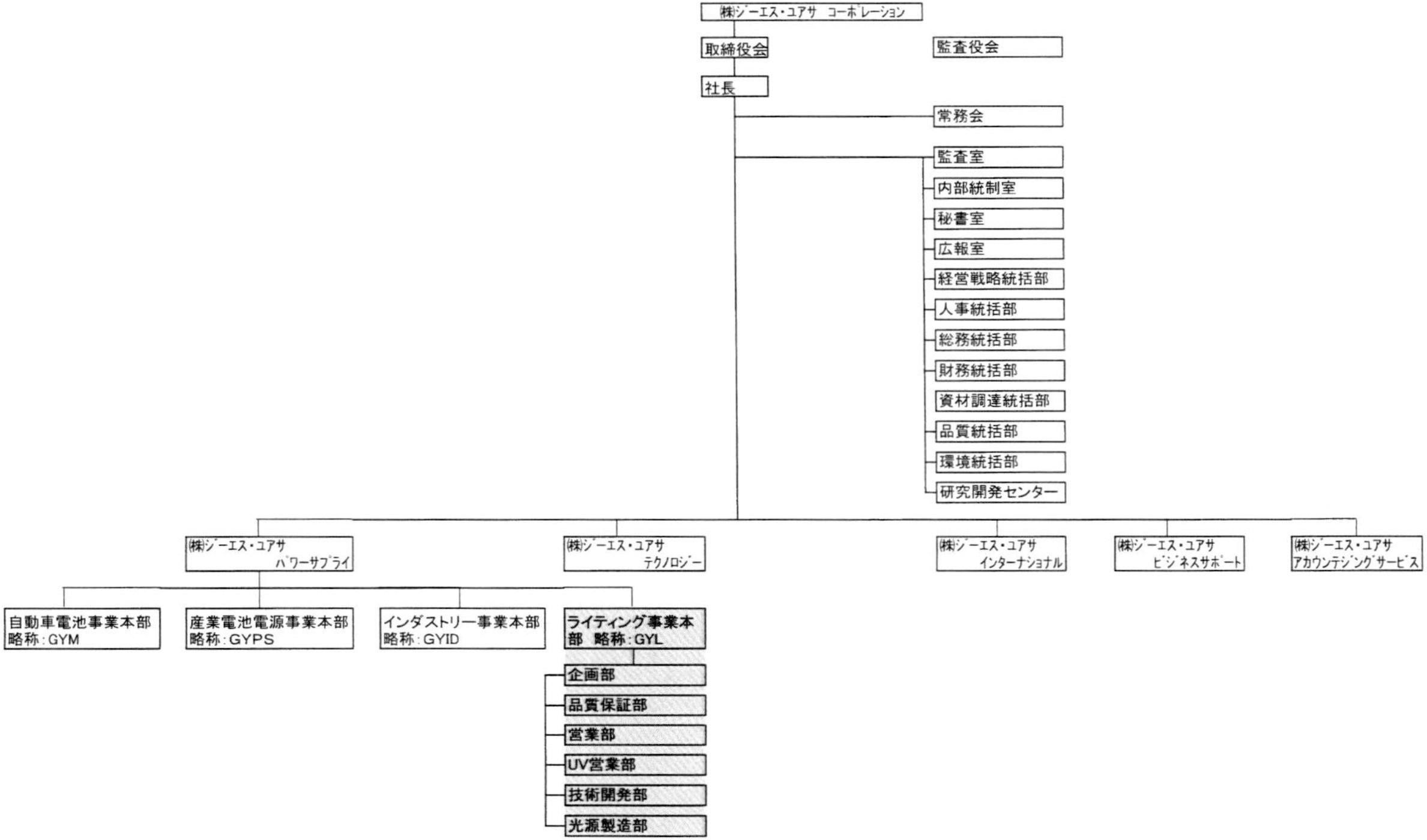

（財）財務会計基準機構会員
平成21年6月3日

各　位

会　社　名　株式会社 ジーエス・ユアサ コーポレーション
代　表　者　取締役社長　　　　依田　誠
　　　　　　（コード番号6674　東証第一部・大証第一部）
問合せ先　　執行役員　広報室長　西田　啓
　　　　　　（TEL.075-312-1214）

東京証券取引所への「改善状況報告書」の提出について

当社は、平成20年11月21日提出の「改善報告書」に関し、有価証券上場規程第503条第1項の規定に基づき、改善措置の実施状況および運用状況を記載した「改善状況報告書」を、本日別添のとおり提出いたしましたのでご報告いたします。

別添書類：改善状況報告書

以　上

改善状況報告書

平成21年6月3日

株式会社東京証券取引所
代表取締役社長　斉藤　惇　殿

株式会社ジーエス·ユアサ コーポレーション
代表取締役社長　依田　誠

平成 20 年 11 月 21 日提出の改善報告書について、有価証券上場規程第 503 条第 1 項の規定に基づき、改善措置の実施状況及び運用状況を記載した改善状況報告書をここに提出いたします。

第 1.　改善報告書の提出経緯

平成 20 年 7 月下旬、当社の社内会議において、当時の当社の 100%子会社であり、照明関連器具の製造、販売を業とする株式会社ジーエス·ユアサ ライティング(以下「GYL」といいます。)千葉営業所の売上金額が事業規模に比べて大きく、かつ売掛金延滞月数の長期化傾向に改善がみられない旨の指摘がなされたため、当社は、GYL 千葉営業所の事業内容についての調査を開始しました。かかる調査の結果、同営業所において、少なくとも平成 16 年 4 月から平成 20 年 7 月までの間、複数の取引先との間で取引実体を伴わない売上げ及び仕入れを計上する、いわゆる循環取引(以下「本件取引」といいます。)が行われていることが判明しました。

当社は、本件取引の存在を確認した直後の平成 20 年 9 月 19 日、本件取引の迅速な解明、当社の業績に及ぼす影響、経営責任及び関係者の処分を含む再発防止策の策定につき的確な提言を受けることなどを目的として、弁護士及び公認会計士によって構成される外部調査委員会を設置しました。

当社は、それから約 1 ヶ月後の平成 20 年 10 月 28 日、外部調査委員会から調査報告書を受領し、また、同時期に、外部の公認会計士の調査結果を確認し、これによって、本件取引の実態及び本件取引に基づく過年度決算短信等の訂正を行うための調査が十分に実施されたと判断したため、過年度決算短信等の訂正を行うこととしました。訂正の対象となったのは、平成 17 年 3 月期から平成 20 年 3 月期までの決算短信、中間決算短信及び第 1 期·第 3 期四半期財務·業績の概況、並びに平成 21 年 3 月期第 1 四半期決算短信等です。

かかる訂正に関し、貴取引所より平成 20 年 11 月 7 日に改善報告書の提出請求を受けたため、平成 20 年 11 月 21 日付で当該改善報告書を提出しました。

第 2.　改善措置

本件取引の発生原因及びこれに対する再発防止に向けた改善措置は、改善報告書に

も記載していますが、その概要は、以下の通りです。個別の実施・運用状況については、後記「第3.実施・運用状況」に記載しております。

1.　問題点

本件取引の発生原因としては、元所長の個人的な動機のほか、本件取引が長期間継続的に行われ、千葉営業所の売上高等の数値につき不自然な状態が継続していたにもかかわらず、長期間発見することができなかったことに見られる、当社グループ及びGYLにおける内部統制システム上の欠陥が考えられます。内部統制システム上の欠陥は具体的には以下の通りです。

(1)　リスク管理体制の不備及びコンプライアンス意識の欠如

本件取引に関していくつもの徴表があったにもかかわらず、リスクを明確に認識することができなかった当社グループとしてのリスク管理体制は不十分なものでした。

また、本件取引当時のGYL幹部(元社長や元営業部長)は、千葉営業所の売上が他の支店及び営業所に比べて過大であることについて認識し、また、遅くとも平成18年2月には千葉営業所の業績につき疑義を持っていたにもかかわらず、具体的調査をせず当社及びGYLの取締役会に当該事実について報告することもしませんでした。本件取引を実行した元所長もさることながら、上記幹部においても、コンプライアンスに対する意識が欠如したといわざるを得ず、当社社員のコンプライアンス意識に問題があった可能性があります。

(2)　モニタリングにおける問題点

持株会社としての当社によるGYLに対するモニタリング、及びGYL内部におけるモニタリングに関し、以下のような問題点がありました。

ア.　持株会社としての当社によるGYLに対するモニタリング

当社グループにおいては、リスク分析に基づいた監査が実施されておらず、また、監査の実施方法も十分なものではありませんでした。当社監査室は、GYLに対して毎年内部監査を実施していましたが、形式的な書類の有無の確認にとどまり、取引内容の確認などの実質的な調査を行っていませんでした。また、当該内部監査において作成されている内部監査報告書において、千葉営業所における業者選定及び価格交渉についての問題点・改善点が指摘されておりましたが、その後の改善状況についての確認フォローがなされておりませんでした。加えて、当社財務統括部内の業務指導グループは監査室とは別に内部調査(経理処理の確認及び適正処理を目的とする調査)を実施していましたが、同グループによる調査も証憑類の確認にとどまる不十分なものでした。

イ．GYL 内部におけるモニタリング

(ア) GYL の経営陣及び管理職(以下「GYL 幹部」といいます。)によるモニタリングの欠如

GYL 幹部は、千葉営業所へ定期的に訪問する等の適切なモニタリングをほとんど実施していませんでした。特に、GYL の経営陣及び管理者従業員によるモニタリングが有効に機能していませんでした。

(イ) 他の部署からのモニタリングの欠如

有機的な情報交換やコミュニケーションが不足していたため、GYL の営業活動をモニタリングする企画部によって千葉営業所の問題が指摘されませんでした。また、GYL の調達管理グループは資材の伝票管理等を行っており、千葉営業所において他社製品(具体的には照明用ポール)が大量に取引されていることを把握していましたが、何らの調査及び対策も講じませんでした。

(ウ) 営業所内におけるモニタリングの欠如

千葉営業所では、平成 17 年以降は元所長 1 名と管理監督権限のない 1 名の事務担当者のみという人員配置でした。そのため、千葉営業所内において、元所長の行動が事務担当者以外からは監視されない環境となっており、相互牽制が機能しない状態でした。

(エ) 業務フロー上のモニタリングの欠如

GYL においては、日々の業務((a)取引先との間の基本契約書の締結･管理、(b)与信限度額の把握、(c)滞留売上債権管理、(d)買掛金債務に関する取引先からの残高確認書に対する対応、(e)売上計上、(f)現物確認)に関する社内規則･マニュアル等が存在しないか、又は存在したとしても有効に機能していない状況であり、その結果、GYL 内部における業務管理に不備が生じていました。

(オ) 監査役によるモニタリングの欠如

GYL の監査役が一人で多数のグループ会社の監査役を兼任する等、GYL の監査役によるモニタリングが十分に機能する体制ではありませんでした。

(3) 情報収集体制の機能不全

本件においては、不正取引の徴表を認識していた者が存在したと思われますが、それにもかかわらず、当社グループの設置する内部通報制度を利用した報告又は相談は一切なされませんでした。当該内部通報制度には、①顕名で行わなければならないこと、②外部窓口としては法律事務所名･電話番号が記載されているのみであり、担当弁護士個人名･直通電話番号が記載されていないこと等、内部通報制度の利用促進を

妨げる事情があったと思われます。

(4) その他の原因

元所長を 20 年以上にわたり千葉営業所に配属し、配置転換を行わず、不適切な取引の温床を作ってしまったこと(人事配置の滞留)、並びに GYL における予算及び事業計画の策定に関し、現場の現実との乖離が生じていたこと(事業計画及び予算管理方法の問題)などの原因もありました。

2. 改善策

上記第 2.1 に記載の問題点に対する再発防止に向けた改善措置として改善報告書に記載した事項の概要は次の通りです。

(1) 当社グループにおけるコンプライアンス意識の改革

コンプライアンス(法令･社内規則の遵守、企業倫理の尊重等)を徹底し、当社グループのコンプライアンス意識を高めるべく以下のような措置を実施することとしました。

ア. コンプライアンス教育の実施

当社グループの全社員を対象として、外部講師による階層別研修を実施し、当該研修を継続し、教育カリキュラムを体系化する等、より充実したコンプライアンス教育を実施すべく努力を継続することとしました。

また、当社のコンプライアンス･マニュアルを社員に理解しやすい内容にする等の改訂を行った上、当該コンプライアンス･マニュアルに関する説明会を当社グループ各社にて実施することとしました。

イ. コンプライアンス調査

当社グループ全社員を対象としたコンプライアンスに関するアンケート調査を定期的に実施することとしました。

(2) 当社グループの連結子会社を対象とした内部監査の充実(内部監査の実施方法の厳格化及び問題事項のフォローアップの徹底)

ア. 内部統制システムの構築

当社グループでは、平成 20 年 10 月 1 日に当社取締役社長直轄の組織である内部統制室を設置し、現在、当社グループ全体の全社的統制や業務プロセス統制における①業務の有効性及び妥当性確保、②財務報告の信頼性維持、③事業活動に関わる適用法令等の遵守、並びに④資産の保全等に鋭意取り組んでおります。この取り組みの中

で、特に GYL における内部統制上の重大な欠陥についての改善活動を継続的に行うこととしました。

イ. 監査室の体制強化

当社社長直轄の組織である監査室の体制を強化するため、監査室を増員し、かつ、監査当日に対象とする取引案件を提示した上で証憑類の提出を要求するなど、より監査の実効性を高めることとしました。また、内部監査の具体的運用を、現地での現物確認を含めた取引の実在性について確認する方法に改めることとしました。また、内部監査の結果を受けた監査報告書で指摘された事項に関しては、被監査部門に改善報告書の提出を徹底させた上で、当該被監査部門が改善報告書に記載された改善策を適切に実施しているかにつき、フォロー監査を実施することとしました。なお、上記監査手法についてはマニュアルを整備した上で運用することとしました。

(3) 当社の経営陣及び子会社管理部署による連結子会社のモニタリング体制並びに当社グループ全体としてのモニタリング体制の構築

ア. 当社の経営陣による連結子会社のモニタリング

当社の社長は、月次のグループ事業会議において、当社の連結子会社のうち事業子会社 4 社及び株式会社 ジーエス・ユアサ パワーサプライ(以下「GYP」といいます。)内の 3 事業本部並びにそれらの主管する子会社(以下「孫会社」といいます。)の経営実態を各々の責任者からの報告及びこれに対するヒアリング等を行うと共に、月次の個別幹部会において、GYP 内の 3 事業本部及び孫会社の業績·個別重要課題の検討等を行うことにより、経営実態をモニタリングしていました。これに加え、今後は月次の個別幹部会において各々の責任者からコンプライアンスリスクの有無を報告させ、各事業本部におけるコンプライアンスリスクの評価及び確認を実施することとしました。

イ. 子会社管理部署による連結子会社のモニタリング

当社内の子会社管理部署としての財務統括部内の業務指導グループは、事業子会社 4 社と GYP 内の 3 事業本部の業務に不適切な処理がないか調査する任にあたっていました。かかる業務指導グループは、まず平成 20 年 12 月から約 1 年間(1 社あるいは 1 事業本部あたり約 2 ヶ月)をかけて、証憑類の確認にとどまらず、現地で現物を現実に確認するなど、より実地における調査手法を採用することにより、事業子会社及び GYP の各事業本部における取引実態の実在性を確認することとしました。なお、上記調査手法についてはマニュアルを整備した上で運用することとしました。

また、孫会社については、財務統括部内の関係会社管理グループによる業績を中心としたモニタリングを実施し、半期毎に当社の常務会及び取締役会へ結果を報告しており、他方、孫会社を主管する事業子会社及び GYP の各事業本部においては、孫会社

より業績の報告を受け、検討を行うための業績検討会を半期毎に実施しておりました。当社グループとしては、今後ともこれらの活動を継続することとしました。

ウ．当社グループにおける従業員からの情報の伝達制度の整備

上記第 2.2.(1)イ.のコンプライアンス調査により、能動的に従業員からの情報収集を図るとともに、内部通報制度の見直しを行うこととしました。内部通報制度については、①同制度の匿名での利用を認め、また、②外部受付窓口の担当弁護士名と専用電話番号を明記することとしました。更に、内部通報制度の存在･利用方法を社内イントラネット掲示板に掲載し、再度当社グループ全社員に周知徹底することとしました。

更に、かかる内部通報制度とは別に、当社グループの取引先など社外の第三者が利用可能な外部通報制度を新たに設けることとしました。

エ．人事制度の見直し

GYL のみならず、当社グループ内の全社においても滞留人事の総点検を行い、原則として滞留人事を認めない人事制度とすることとしました。具体的には、事業子会社及び GYP の各事業本部においては、当社の人事統括部が同一職場、同一職務の履歴管理を行い、その人事データを当該部門長と共有し、その上で、長期滞留者については人事委員会(当社人事担当役員を責任者として、人事重要案件を審議する機関です。)にて管理し、毎年 4 月の定期人事異動時に適切に人事異動を実施することとしました。また、孫会社においては、当該会社の人事部門が滞留人事を点検し、適時･適切に人事異動を実施することとしました。

また、当社グループの他の事業子会社との人事交流を活発に行い、風通しの良い会社とすべく、企業風土を改善することとしました。

オ．GYL(照明事業部門)における監視活動の強化

(ｱ) 当社グループ事業体制の見直し

GYL を消滅会社とし、GYP を存続会社として、平成 21 年 2 月に吸収合併を実施することにより、GYL を照明事業部門として GYP の経営管理下に置き、毎月開催される事業部門単位における幹部会において予算及び事業計画の策定･業績の進捗確認･今後の業績見通し･事業での問題点等を定期的に確認･改善することとしました。

(ｲ) 他の部署からのモニタリングの強化

GYL において、調達管理グループが出荷前に製造元へ出向き、立会検査を実施し、あるいは製造元からの出荷後に当該営業部門以外の部門が現地において現物確認を実施し、売上計上についてもかかる現物確認を終了した時点で行うこととしました。更に、現物の写真撮影を行い、確認者がサインした上で当該物件の他の証憑類とともに記録

保管することとしました。

なお、かかる措置はGYLがGYPに吸収合併された後も照明事業部門における改善策として引き続き実施することとしました。また、当該措置についてはマニュアルを整備し運用することとしました。

(ウ) 各営業所内におけるモニタリングの強化

不適切な取引を行ったGYL千葉営業所は、元所長と女性社員の2名体制の営業拠点であり、相互牽制体制が機能しませんでしたので、今後は当社グループ各社の営業拠点の最小人員単位を3名とすることとしました。かかる措置はGYLがGYPに吸収合併された後も照明事業部門における改善策として引き続き実施することとしました。実施後は、事業子会社及びGYPの各事業本部においては、当社人事統括部が毎年4月の定期人事異動時に営業拠点の最小人員を点検し、営業拠点における3名以上体制を確実に維持することとしました。

また、孫会社においては、当該会社の人事部門が同様に点検し、営業拠点における3名以上体制を確実に維持することとしました。

(エ) 業務フロー上におけるモニタリングの強化(購入再販品のみの取引の禁止)

GYLにおいては、平成20年10月より、自社生産品を含まない、購入再販品のみの仕入·販売の取引は禁止しておりますが、更に、購入再販品のみでの取引ができないことを担保するための社内ルールを作成の上、運用を徹底することとしました。

なお、かかる措置はGYLがGYPに吸収合併された後も照明事業部門における改善策として引き続き実施することとしました。

(4) 連結子会社における規程及びマニュアルの整備及び運用の改善

ア. GYL(照明事業部門)における規程及びマニュアルについて

与信管理マニュアルの内容を見直した上で、確実な運用を実施することとしました。また、GYL(照明事業部門)の業務分掌規則及び職務権限規則における、資材購入品の担当部署、決定権限者を明確にし、また、営業各拠点に対する管理·監督を厳格にすることとしました。

なお、かかる措置は、GYLがGYPに吸収合併された後も照明事業部門における改善策として引き続き実施することとしました。

イ. GYL(照明事業部門)以外の事業子会社、GYPの事業本部及び孫会社における規程及びマニュアルの整備及び運用の改善

GYL(照明事業部門)以外の事業子会社及びGYPの事業本部においても、GYL同様に、与信管理や回収管理について定めた規程、マニュアル類の内容を見直した上で、確実な運

用を実施することとしました。また、GYL(照明事業部門)以外の事業子会社及び GYP の事業本部においても、GYL 同様に、資材購入品の担当部署及び決定権限者を明確にし、営業各拠点に対する管理･監督を厳格にすることとしました。

なお、孫会社についてもそれらを主管する事業子会社及び GYP の事業本部の規程等を展開し、運用することとしました。

第 3.　実施･運用状況

平成 21 年 6 月 3 日時点における、改善策の実施･運用状況は以下の通りです。なお、本第 3. において、「GYL」とは、平成 21 年 2 月 1 日付で実施された GYP との合併(以下「本件合併」といいます。)前においては、株式会社ジーエス･ユアサ ライティングを、本件合併以後においては、GYL を承継した GYP 内のライティング事業本部を指すものとします。また、本第 3. において、「当社事業子会社(事業本部を含む。)」とは、本件合併前においては、株式会社ジーエス･ユアサ テクノロジー(以下「GYT」といいます。)、株式会社ジーエス･ユアサ インターナショナル(以下「GYIN」といいます。)、株式会社ジーエス･ユアサ バッテリー(以下「GYB」といいます。)及び GYL、並びに GYP 内の自動車電池事業本部(以下「GYM」といいます。)、産業電池電源事業本部(以下「GYPS」といいます。)及びインダストリー事業本部(以下「GYID」といいます。)を指し、本件合併以後においては、GYT、GYIN 及び GYB、並びに GYP 内の GYM、GYPS、GYL 及び GYID を指すものとします。

なお、平成 21 年 4 月 1 日時点における当社グループ組織の概要については、本書別紙(「2009 年 4 月 1 日　ジーエス･ユアサ　グループ組織図」)をご参照下さい。

1.　コンプライアンス強化改善プロジェクト

当社は、従前より当社グループリスク管理委員会及び各当社事業子会社(事業本部を含む。)のリスク管理委員会の活動を通じてコンプライアンスの強化に取り組みました。今回、当社の取締役会長、取締役副社長、専務取締役及び監査役、並びに監査室、内部統制室、人事･総務･財務各統括部の部門長及び GYL 企画部長をメンバーとして、改善報告書に記載した改善策の確実な実施を目的として平成 20 年 11 月 6 日にコンプライアンス強化改善プロジェクトを発足させました。本書提出日までに、合計 17 回当該メンバーによる会議を開催しており、改善策の具体的な実施内容の検討及び進捗状況のチェックを行い、当社グループのコンプライアンス意識の改革及び監視体制の強化に取り組みました。

2.　当社グループにおけるコンプライアンス意識の改革

(1)　取締役会長と管理職との対話集会

コンプライアンス教育の一環として、当社、当社事業子会社(事業本部を含む。)及

び主要な連結孫会社など 35 社の管理職を対象として、当社取締役会長との対話集会を、平成 20 年 12 月 2 日から平成 21 年 2 月 27 日までに合計 34 回実施しました。対象となる管理職 739 名中、出席者は 648 名でした。

当該集会の概要は、当社コンプライアンス・マニュアルに関する意見交換に加え、「社会が求めていることを守るには、変化に対する感性を磨き、勇気と執念を持って対応することが不可欠である。それには自部門のみならず部門を越えたコミュニケーションが重要である。」とのコンプライアンスの基本姿勢に踏み込んだ内容の議論を行いました。

当社グループ管理職にとって、コンプライアンス意識の改革を進める第一歩になったと考えております。

(2) 階層別コンプライアンス研修（役員、全従業員対象）

コンプライアンス教育の一環として、階層別コンプライアンス研修を次表の通り既に実施しております。役員研修、部長研修及び課長研修につきましては、外部講師による研修を実施し、一般社員研修及び国内連結孫会社研修につきましては、外部講師による研修を受講したライン部長等が講師となり、研修を実施しております。

コンプライアンス研修につきましては、今後も教育カリキュラムを体系化したうえで継続的に実施していく予定です。

	役員研修	部長研修	課長研修	一般社員研修	国内連結孫会社研修
実施日時	・H20.12.22	・H21.1.23 ・H21.1.28 ・H21.1.29	・H21.2.9 ・H21.2.10 ・H21.2.16 ・H21.2.17	・H21.1.23〜H21.4.9	・H21.2.6〜H21.4.10
対象者	当社及びGYPの取締役、監査役及び執行役員	当社及び当社事業子会社(事業本部を含む。)の部長職	当社及び当社事業子会社(事業本部を含む。)の課長職	当社及び当社事業子会社(事業本部を含む。)の一般社員(派遣社員等を含む。)	国内連結孫会社の役員及び従業員
対象者数	39名	220名	380名	2,530名	1,237名
出席者数	34名	211名	344名	2,530名	1,237名
出席率	約87%	約96%	約91%	100%	100%
講師	外部講師(弁護士)	外部講師(弁護士)	外部講師(弁護士)	ライン部長等	孫会社社長等
研修内容	コンプライアンスの意義、本件取引の概要及び影響	コンプライアンスの意義、本件取引の概要、影響及び従業員に対するコンプライアンス研修の実施要領	コンプライアンスの意義、本件取引の概要、影響及び従業員に対するコンプライアンス研修の実施要領	本件取引の概要及び影響、コンプライアンス一般、改訂コンプライアンス・マニュアルの説明	本件取引の概要及び影響、コンプライアンス一般、改訂コンプライアンス・マニュアルの説明
研修時間	3時間	3時間	3時間	30分〜3時間30分	30分〜3時間40分

(3) コンプライアンス・マニュアルの改訂

当社グループ(国内)においては、グループ全社に適用されるコンプライアンス推進規則、企業倫理規準等のコンプライアンス遵守に関する規則(以下、総称して「コンプライアンス関係規則」といいます。)を制定し、これを周知するためにコンプライアンス・マニュアルと題する冊子を作成・配布していました。しかし、このコンプライアンス・マニュアルは、コンプライアンス関係規則についての解説が不充分であったこと、当社グループ(国内)従業員のみを配布対象としていたこと、及び配布後に研修会等のフォローを実施しなかったことなどから、グループ全社にコンプライアンス関係規則の内容を浸透させるための工夫が必ずしも充分とはいえないものでした。

そこで、①冒頭に署名入りの社長メッセージを加える、②項目毎のQ&Aやチェックリストを設け各自が理解度を確認できるようにする、③イラストを充実する、④冊子の大きさを見直すなど、従業員に読む気を起こさせる工夫を施し、平成21年1月26

日付で、コンプライアンス・マニュアルを改訂いたしました。また、本コンプライアンス・マニュアルの改訂では、不正の早期発見、早期改善の観点から、当社グループ企業倫理ホットライン(内部及び外部通報制度)について、システムを図式化し、受付窓口の担当者名、専用電話番号、専用メールアドレスを明記するなど解説を充実させることによる同制度についての周知も図っております。

更に、このような工夫を施したコンプライアンス・マニュアルを、従来の配布対象である当社グループ(国内)従業員に加えて、嘱託社員、派遣社員及びパート社員に拡大して配布し、上記コンプライアンス研修において各部門の責任者が一般社員に対して教育を行うことにより、コンプライアンス意識向上の徹底を図りました。

(4) コンプライアンス調査

平成 21 年 2 月に第 1 回コンプライアンス調査を実施しております。具体的には、平成 21 年 2 月 20 日に、同月 27 日を回答期限として、コンプライアンス・マニュアルの周知度及びグループ内の不正又は不適切な行為の有無について回答を求める質問状を、当社グループ(国内)の役員・従業員を対象として、合計 2,588 名にEメールで送付し、2,498 名から回答を得ております。

調査結果のうち「不正または不適切な行為の有無」については、「有」という回答が 40 件ありました。この点、当該 40 件のうちで、本件取引と同様に当社グループの財務報告の適正性に影響を与えるなど、当社グループに特に重大な影響を及ぼす行為又はその端緒となる行為は見受けられませんでしたが、そのうち 22 件については、調査を要するものと判断し、速やかに調査を実施の上、それぞれ必要な対応を実施しております。また、当該調査結果については、当社グループリスク管理委員会において報告がなされ、今回の調査結果に留意して今後のリスク管理に取り組んでいくことで活用を図っています。コンプライアンス調査は、現場の社員の声を聞くことにより、早期の不正発覚を促進するものであり、極めて有効なものであると再認識しましたので、今後も、年 2 回(2 月及び 8 月(予定))、コンプライアンス調査を実施することを予定しております。

3. 内部監査の充実

(1) 内部統制システムの構築

当社グループでは内部統制報告制度への対応として、内部統制システムの構築を進めてまいりました。当制度運用初年度であります平成 20 年度における対応状況は以下の通りです。

当社グループの全社的統制につきましては、今回の改善措置の実施(グループ事業会議・各社幹部会の運営見直し、内部通報制度の改善、外部通報制度の導入、監査室の権限強化・フォロー監査の実施等)に伴い統制の内容を見直した上で、経営者評価を

実施しました。評価の結果、財務報告に係る内部統制が有効であることを確認しました。

また、GYL の業務プロセス統制における重大な欠陥につきましては、改善活動(GYL生産品とセット販売される購入再販品の現物確認、購入再販品のみの取引禁止、販売プロセスにおける取引先への与信管理、仕入プロセスにおけるコントロール強化等)の後、経営者評価を実施しました。評価の結果、財務報告に係る内部統制が有効であることを確認しました。

GYL 以外の当社事業子会社(事業本部を含む。)においても経営者評価を完了しており、財務報告に係る内部統制が有効であることを確認しました。

なお、平成 20 年度に係る内部統制報告書は、監査法人による内部統制報告書の監査の後に内部統制監査報告書受領の上、平成 21 年 6 月 26 日付で当社より財務省関東財務局へ提出する予定です。

(2) 監査室の体制強化

当社は、監査室の体制強化を図るために、平成 20 年 10 月に監査室の人員を 1 名増員しました。また、平成 21 年 7 月(予定)には、更に 1 名の増員を実施する予定であり、監査室の人員を 5 名から 7 名へ増員して監査体制の更なる強化を進めてまいります。

他方、内部監査の具体的運用においても改善策を実施しており、平成 20 年 11 月 11 日以降の監査実施に際しては、取引の実在性確認に重点をおき、監査範囲・監査項目の直前通告等によって監査手法の改善と厳格化を実施しました。更に、監査の結果に基づく内部監査報告書で改善を指摘した事項に関しては、被監査部門から改善報告書の提出を徹底させ、改善報告書に記載された改善策の実施状況を事後のフォローアップ監査によって確認する運用を実施しております。加えて、これらの監査手法の改善と厳格化を織り込んだ監査マニュアルとして「内部監査実施要領」と「内部監査実務マニュアル」を平成 21 年 2 月 28 日までに整備しました。平成 21 年 4 月 1 日以降に実施する監査は、これらのマニュアルに準拠して進めております。

4. モニタリング体制の構築

(1) 当社の経営陣による連結子会社のモニタリング

GYL においては、平成 20 年 12 月より、月次で、当社取締役会長、取締役社長、取締役副社長、関係取締役、監査役、経営戦略統括部長及び財務統括部長並びに GYL 幹部で構成される GYL 幹部会を開催しており、事業計画の策定、業績の進捗確認、業績見通し、事業運営での問題点確認等の活動を行っており、平成 21 年 2 月 1 日付で実施された GYL と GYP との合併後においても、かかる活動を継続しております。

また、各当社事業子会社(事業本部を含む。)においても、月次で、当社取締役会

長、取締役社長、取締役副社長、関係取締役、監査役、経営戦略統括部長及び財務統括部長並びに各当社事業子会社(事業本部を含む。)の幹部で構成される幹部会を開催し、コンプライアンスリスク報告(例えば、製品不具合対応のような報告)、事業計画の策定、業績の進捗確認、業績見通し、事業運営での問題点確認等を行い、当社経営陣による各当社事業子会社(事業本部を含む。)に対するモニタリングをより実効性のあるものとしております。

(2) 子会社管理部署による連結子会社のモニタリング

ア. 業務指導グループによる取引の実在性確認

当社財務統括部内の業務指導グループは、平成 20 年 11 月において、当社事業子会社(事業本部を含む。)に対するモニタリングに係る年度計画の作成、事前検討事項の確認及び重点事項の整理を行い、同年 12 月に当該モニタリング対象子会社に係る直近データ並びに平成 19 年度、平成 20 年度データの抽出･確認等の事前調査を行いました。また、同年 12 月から平成 21 年 1 月にかけて調査手法、現物確認の方法、歯止め策の確認等を取り纏めた調査マニュアルを作成しました。これらの事前準備を行った上で、平成 21 年 1 月から 3 月にかけて GYL に対して取引の実在性の確認を目的として、平成 19 年度、平成 20 年度の取引実績の中からサンプル抽出を行い、現地における現物の確認及び証憑関係のモニタリングを実施し、取引の実在性の確認を行いました。また、同年 3 月から 4 月において GYID 内の特機事業部に対する取引実態の実在性の確認を目的として、平成 19 年度、平成 20 年度取引実績の中からサンプル抽出を行い、現地における現物確認及び証憑関係のモニタリングを実施し、取引の実在性の確認を行いました。

更に、同年 4 月から 6 月までを予定期間とし GYB に対する取引実態の実在性の確認を目的として、平成 19 年度、平成 20 年度取引実績の中からサンプル抽出を行い、現地における現物確認及び証憑関係のモニタリングを開始しております。なお、以降順次、他の当社事業子会社(事業本部を含む。)及び国内の主要な連結孫会社に対して同様に取引実態の実在性の確認を目的としたモニタリングを同年 12 月まで行う予定です。

イ. 関係会社管理グループによる孫会社のモニタリング

当社財務統括部内の関係会社管理グループは、平成 20 年 11 月 25 日及び平成 21 年 5 月 25 日に開催された当社常務会において、国内外の連結孫会社の業績を中心とした内容の報告を行いました。今後も年 2 回、同様の内容にて常務会報告を実施することにより、連結孫会社に対する継続的なモニタリングを実施する予定です。

ウ. 関係会社管理グループによる孫会社業績検討会

GYPSにおいては平成20年11月17日、GYMにおいては平成20年12月10日、GYIDにおいては平成20年12月16日、GYLにおいては平成20年12月23日、GYBにおいては平成21年1月29日に、それぞれ孫会社業績検討会を実施しました。かかる業績検討会は孫会社社長又はそれに準ずる者、及び各当社事業子会社(事業本部を含む。)(ただし、GYIN及びGYTは除く。)の幹部によって構成され、決算結果、今後の計画及び会社課題の報告及び検討を内容とするものであり、孫会社のモニタリングに資するものです。次回は本年6月中に実施を予定しています。なお、リスク全般についての分析と評価の確認もこの中で行うことにしています。

(3) 従業員からの情報の伝達制度の整備

ア. 内部通報制度の改善

当社グループ(国内)は、内部通報制度につき、平成21年1月より、匿名での通報を可能にし、フォローアップの充実を盛り込み改正した「企業倫理ホットライン規程」の運用を開始しました。また、運用開始に伴い社内イントラネット掲示板において外部受付窓口の担当弁護士名と専用電話番号、専用メールアドレスを明記するとともに社内通達等により全従業員に対して周知することにより、内部通報制度をより利用しやすくしました。

かかる改善措置の結果、本改善状況報告書作成までのわずかの間に、内部通報制度を利用した通報が3件なされております(従前の通報制度では、導入した平成17年5月から平成20年12月までの通報件数は2件に過ぎませんでしたので、当社グループ(国内)における内部通報制度の改善は確実にその効果が現れているものと考えています。)。

イ. 外部通報制度の導入

平成21年1月より、当社及び各当社事業子会社(事業本部を含む。)において取引のある代理店及び協力工場340社を対象とする外部通報制度を導入し、平成21年1月末日までに、当該取引先へ制度目的及び制度概要を周知しています。

(4) 人事制度の見直し

ア. 人事ローテーションの実施

当社グループ(国内)においては、長期同一部門・同一職務に従事している社員で、営業・購買関係、監査機能、品証・品管機能を有する部門が5年以上、その他の部門(技術開発、製造職を除く。)は10年以上を基準として、該当者を人事異動あるいは職務変更することにより、主要職務を変更することといたしました。

かかる運用基準に従い、GYLにおいては、上記対象者33名のうち、平成21年1月

15日付で4名、同年2月1日付で3名、同年4月1日付で7名の合計14名について人事異動を行うことにより、上記人事ローテーションを実施しております。また、今後新たに、平成22年4月(10名)及び平成23年(9名)に関して、人事異動あるいは職務変更によるローテーションを実施する予定です。

他方、当社グループ(国内)全体としては、平成21年3月末の上記対象者157名に対し、平成21年4月1日付で44名について人事ローテーションを実施済みです。また、今後新たに、平成22年4月(66名)及び平成23年(47名)に関して、人事異動あるいは職務変更によるローテーションを実施する予定です。

なお、以上の対応は、当社及び当社事業子会社(事業本部を含む。)で実施されているものですが、今後は、かかる人事ローテーションの運用の主要な連結孫会社への展開を実施いたします。

イ. 人事交流(GYLと他の当社事業子会社(事業本部を含む。)との間)

GYL在籍者137名(平成21年3月31日現在)のうち、平成21年4月1日付で、GYPSからGYLに対して1名が転入し、GYLからGYPSに対して1名及びGYIDに対して2名がそれぞれ転出しました。

また、GYL以外での当社グループ会社間での人事交流は、従来から実施されており、平成21年4月1日付での異動は、65名規模にて実施されております。

(5) 監査役によるモニタリング

元GYL監査役は、一人で多数のグループ会社の監査役を兼任するなど、元GYL監査役によるモニタリングは十分に機能する状況にはありませんでした。

そこで、当社グループは、モニタリング機能を高めるため、監査役の兼任体制を見直し、当社グループ会社の監査役の兼任が多数に及ぶ運用を改め、順次兼任を減少させております。

また、当社監査役会、監査室及び財務統括部関係会社管理グループは、平成21年3月19日、GYP監査役及び当社グループ会社の監査役に対する研修会を主催し、監査役の職責の確認及び他のモニタリング部門との連携強化についての啓発を行っております。

(6) GYLにおける監視活動の強化

ア. 当社グループ事業体制の見直し

GYLを吸収合併消滅会社、GYPを吸収合併存続会社とする吸収合併を平成21年2月1日に実施しました。かかる合併により、GYLは、当社グループの主力会社であるGYPの一事業部門であるライティング事業本部となりました。前記第3.4.(1)に記載の通り、GYPでは、事業部門単位における幹部会を毎月開催し、予算及び事業計画の策

定、業績の進捗確認、今後の業績見通し、事業での問題点等を定期的に確認・改善しており、ライティング事業本部についても、幹部会を毎月開催することにより、適切に監督されております。

イ．他の部署からのモニタリングの強化

GYL においては、平成 20 年 10 月より自社製品を含まない購入再販品のみの仕入れ・販売を禁止しております。一方、自社製品(ランプ等)を含む購入再販品の仕入れ・販売の取引では、平成 20 年 10 月より現物確認を開始しております。かかる現物確認は、マニュアルに従い、GYL 管理職クラス及び業務委託先によって実施されており、現物の写真撮影及び確認者による署名又は押印手続を経て作成された書面を、GYL 担当部署への報告を行い、かつ、当該物件の他の証憑類とともに保管しております。また、平成 21 年 4 月からは、外注メーカーの工場での出荷前確認を行える体制を整えるに至っており、かかる確認も開始されております。

ウ．各営業所内におけるモニタリングの強化

当社グループ(国内)の営業拠点においては、相互監視体制を強化することを目的に 3 名未満営業拠点の解消を実施しております。

このうち、GYL の営業拠点につきましては、平成 21 年 1 月より実施しており、3 名未満営業拠点に該当する 2 拠点を既に廃止いたしました。

その他、GYPS につき 7 拠点(2 拠点廃止、5 拠点改善)、全国に拠点を有する連結孫会社につき 3 拠点(1 拠点廃止、2 拠点改善)について実施しており、平成 21 年 4 月 1 日時点で、国内全ての営業拠点にて対策を完了しております。

エ．業務フロー上におけるモニタリングの強化

GYL においては、平成 20 年 10 月より、自社製品を含まない購入再販品のみの仕入れ・販売を禁止しております。更に、購入再販品のみでの取引ができないことを担保するための仕組みを構築し、運用を徹底しております。

なお、GYL 以外での自社製品を含まない購入再販品のみの取引としては、GYB における音響商品等、及び GYID 内の特機事業部における小型充電器等が存在します(当社グループにおける自社製品を含まない購入再販品のみの取引は、上記 3 部門(GYL、GYB、GYID 内の特機事業部)がその大半を占めております。)。したがって、GYL におけるモニタリングと同様、GYB 及び GYID 内の特機事業部における購入再販品に係る取引についても、前記第 3.4.(2)ア.に記載した業務指導グループによる取引の実在性確認を行っております。

5.　連結子会社における規程及びマニュアルの整備及び運用の改善

(1) GYLの規程及びマニュアルの整備及び運用

平成20年11月に与信管理マニュアルの見直しを行い、同マニュアルの運用の徹底を図ると共に、平成21年2月からERP(Enterprise Resource Planning)によるシステム運用を開始しております。

また、平成20年11月に業務分掌規則及び職務権限規則について、資材購入品の担当部署及び決定権限者を明確にし、また、営業各拠点に対する管理・監督を厳格にするなどの見直しを行い、同年12月25日、GYL取締役会決議により改正を行いました。

(2) GYL以外の当社事業子会社(事業本部を含む。)における規程及びマニュアルの整備及び運用

ア. 売上債権管理規程、与信管理マニュアル等

当社事業子会社(事業本部を含む。)においては、従前より売上債権管理規程及び与信管理マニュアルを制定し、与信管理や回収管理について定めておりましたが、これらが規程どおり運用されていない状況でした。そこで、かかる売上債権管理規程及び与信管理マニュアルの内容を見直した上で運用の徹底を行いました。

今般、新たに当社及び当社事業子会社(事業本部を含む。)における販売規則を定め、販売から回収まで一貫した規則体系を構築するとともに、これらが確実に実施されるよう、外部の専門家を招くなどして債権管理に関する研修会を実施し、販売に携わる従業員への意識付けを図りました。なお、債権管理に関する研修会は、今後も定期的に実施していく予定です。

また、主要な連結孫会社についても、平成21年4月より、売上規模が大きく、かつ、従業員数の多い会社から優先的に展開を実施しています。

イ. 業務分掌規則、職務権限規則

平成21年2月、当社及び各当社事業子会社(事業本部を含む。)において業務分掌規則及び職務権限規則につき、資材購入品の担当部署、決定権限者を明確にし、営業各拠点に対する管理・監督を厳格にすることなどの改正を各社取締役会で決議し、同年3月より運用の徹底を図っています。

また、主要な連結孫会社についても、平成21年4月より、売上規模が大きく、かつ、従業員数の多い会社から優先的に展開を実施しています。

6. 海外孫会社関係

海外連結孫会社は、GYINの下に16社、GYPSの下に1社、GYLの下に1社の合計18社あります。この点、当社監査室は、原則として2年に1回の頻度で、これらの海外連結孫会社に対する往査を実施することとしておりますが、これに加えて以下のモニタリング等を行うこととしております。

(1) コンプライアンス研修

海外連結孫会社 18 社の現地の役員及び従業員に対しては、前記第 3.2.(2)に記載の階層別コンプライアンス研修は今回実施しておりませんが、海外連結孫会社が独自で実施しているコンプライアンス研修の実態を各社毎に順次確認いたします。確認の結果、コンプライアンス意識の浸透が不十分であると認められた海外連結孫会社に対しては、平成 21 年内にコンプライアンス研修を開始し、翌年以降においても継続的に実施していく予定です。

(2) 経営陣によるモニタリング

GYIN 主管の海外連結孫会社(GYPS より管理を委託されている同社主管の GS Yuasa Lithium Power, Inc.も含む。以下同じです。)については、当社及び GYIN の役員及び幹部が海外孫会社の社外取締役に就任し、各社の取締役会及び株主総会に出席し、経営状況のモニタリング(事業計画･決算承認等)を実施しております。GYIN 主管の海外連結孫会社 17 社のうち、当該取締役会又は株主総会の開催頻度が年 2 回以上の会社は 10 社、当該取締役会又は株主総会の開催頻度が年 2 回未満の会社は 7 社あります。この点、年 2 回未満開催の 7 社については、必要に応じて現地又は GYIN 本社にて GYIN の役員及び幹部参加のビジネスミーティングを実施し、業績等の経営上の諸問題についてのモニタリングを実施しております。

GYL 主管の海外連結孫会社については、取締役には GYL の幹部が就任し、監査役には当社監査役が就任し、取締役会及び株主総会に出席しております。監査役は年 1 回現地にて監査を実施しております。取締役会は 3 ヶ月に 1 回開催され、GYL 幹部も出席し、経営状況のモニタリングをしております。

(3) 孫会社管理部署によるモニタリング

GYIN 主管の海外連結孫会社については、GYIN 企画部事業管理グループがモニタリングを実施しております。具体的には、GYIN 関係会社管理規則に基づき、下記の書類･報告書等を提出させ、業務内容等のモニタリング及びリスク全般についての分析と評価を実施しております。

- 決算書(四半期)
- 月次活動報告書(月次)
- リスク管理報告書(月次)
- 法務事案報告書(月次)
- 取締役会･株主総会議事録など(開催時)
- 重要事項承認書(都度)

これらの主要な内容については、月次の GYIN 取締役会にて決議又は報告がされております。

GYL 主管の海外連結孫会社については、GYL 企画部がモニタリングを実施しております。GYL 企画部は、月次決算報告書にて事業計画の進捗状況を把握しており、四半期決算、本決算、その他設備投資などの重要事項については、取締役会を開催させ、同席してモニタリングを行っております。また、これらの内容については、適宜、GYL 幹部会にて審議及び報告がなされております。

(4) 人事制度の見直し（人事ローテーション、3名以上体制）

海外連結孫会社の人事ローテーションについては、下記のケースに大別されます。

① 職種(Job Specification)により従業員を採用(8社)

当該従業員採用時において職種を特定して採用しているため、職種を超えた人事ローテーションは実施しておりませんが、各国の労働法その他の法規制及び商慣習に準拠することを基本とし、職責に対する成果に基づき毎年の給与その他の条件を更新しています。その際には、従業員との面談により業務内容のモニタリングを実施しております。

② 従業員を採用後、担当部門を決定(10社)

職種を超えた人事ローテーションを実施しているケースは非常に少数ですが、各国の労働法その他の法規制及び商慣習に準拠することを基本とし、同一部門に在籍している場合であっても定期的な担当業務の変更により、部門内でのローテーションを実施しています。

少人数(3名未満)の営業拠点は、海外連結孫会社 18 社のうち 2 社(合計 12 拠点)が存在しています。かかる拠点に在籍している従業員の職責は担当者レベルであり、売上計上等の業務全てについて本社又は地域単位の中規模拠点の責任者の承認が必要となっています。更に、かかる拠点に対しては、本社の幹部あるいは営業部長クラスが月次でモニタリングを実施し、不正や不適切な取引の有無を監視しております。

(5) 規則･規程類

売上債権管理規程、与信管理マニュアル、業務分掌規則、職務権限規則を制定していない海外連結孫会社については、平成 21 年内に制定する予定です。

また、当該規程を制定済みの海外連結孫会社については、業務分掌規則及び職務権限規則において、資材購入品の担当部署及び決定権限者を明確にし、また、営業各拠点に対する管理･監督を厳格にするなどの見直しを平成 21 年内に行う予定です。

以　上

別紙

2009年4月1日 ジーエス・ユアサ グループ組織図

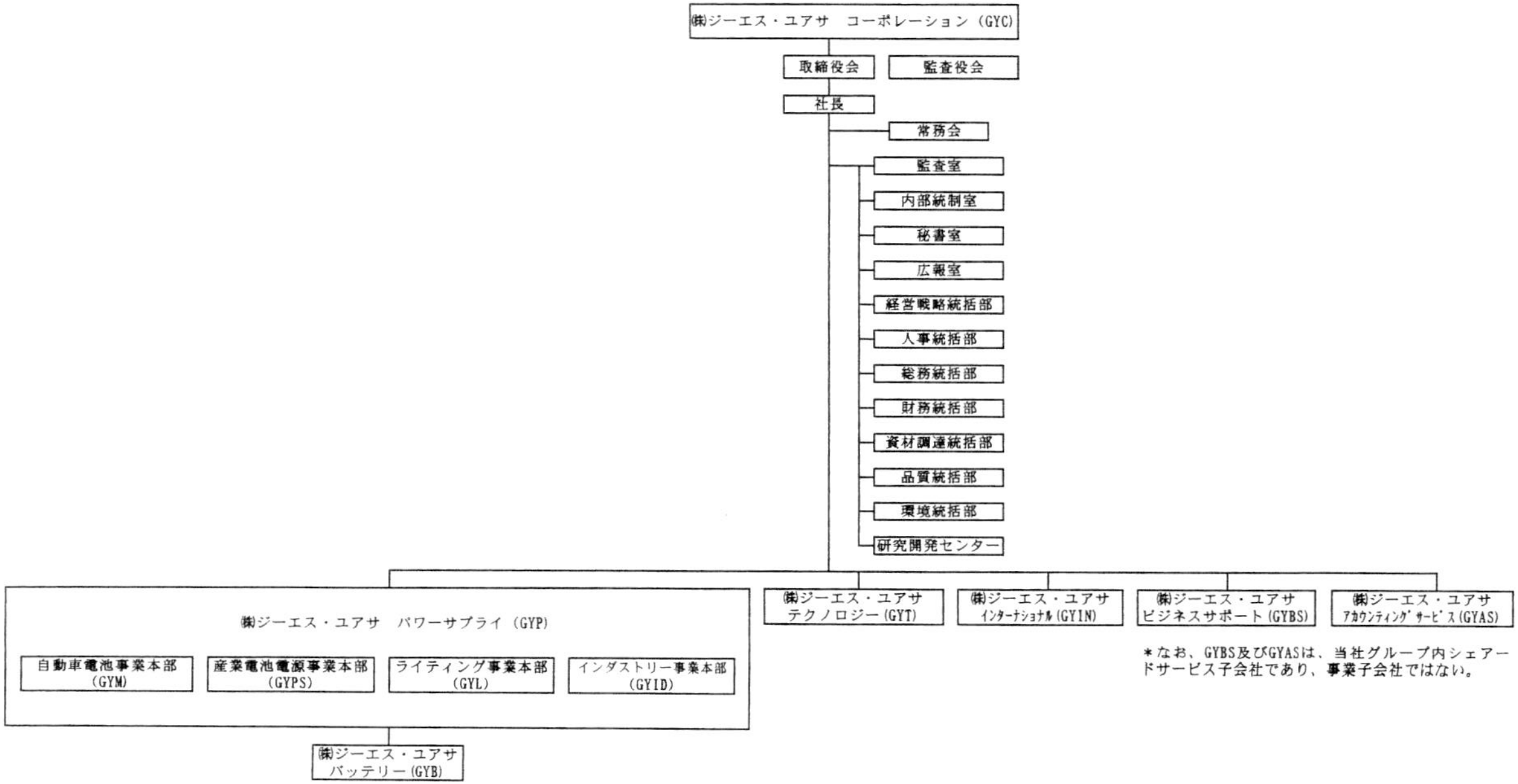

＊なお、GYBS及びGYASは、当社グループ内シェアードサービス子会社であり、事業子会社ではない。

時系列一覧

年	月	日	曜日	時間帯	場所	項目
2008	8	13	水		自宅	財務担当のM常務取締役より架空循環取引懸念の電話一報
		28	木	9：00~	京都本社	GYLより詳細調査報告を受ける
	9	1	月		京都本社	会計監査人への状況報告
		2	火	11：00~	東京六本木	社内調査委員会1回目
		3	水	10：00~	京都本社	GYKとの打ち合わせ
				16：00~	京都本社	〃
					東京六本木	社内調査委員会2回目（欠席）
		4	木	10：00~	東京六本木	社内調査委員会3回目
				15：00~	東京六本木	〃　4回目
		5	金	11：30~	東京六本木	社内調査委員会5回目
		8	月	16：45~	京都本社	GYL調査委員会1回目
		10	水	10：00~	東京霞が関	第三者実態調査者の公認会計士と調査打ち合わせ
				11：30~	東京六本木	社内調査委員会6回目
				18：30~	京都本社	会計監査人への状況報告
		11	木	11：00~	京都本社	GYL調査委員会2回目
				13：00~	京都本社	財務統括部業務指導グループへの過去の調査結果確認
		12	金	16：00~	東京支社	架空循環取引先代理店社長との面談
				17：00~	東京支社	第三者実態調査者の公認会計士への調査状況確認
		16	火	10：00~	京都本社	GYL調査委員会3回目
		17	水	15：00~	京都本社	GYL社長との協議
		18	木	13：00~	東京霞が関	社内調査委員会7回目
		19	金		東京兜町	東京証券取引所（不正会計事前相談）
					東京霞が関	経済産業省（不正会計事前報告）
					さいたま新	都関東財務局（不正会計事前報告）
				18：00~?	東京支社	部課長説明会
				16：00~		Xデー（不正取引の対外発表）
		22	月	午前	京都市内	金融機関への事情報告
				午後	大阪市内	〃
				18：00~	京都本社	9/24常務会（状況報告）の打ち合わせ⇒常務会は不開催
		24	水	9：30~	東京六本木	社内調査委員会8回目
				12：30~	東京六本木	SESC証券取引等監視委員会事情聴取対応準備
				15：00~	東京霞が関	SESC証券等取引監視委員会事情聴取
				17：30~	東京六本木	SESC事情聴取結果の共有
			（	10：00~		常務会⇒キャンセル）
			（	14：00~		金融機関廻り⇒キャンセル）
		25	木	15：00~	京都本社	メインバンクM銀行とのシンジケートローン、コミットメントライン協議
		26	金	13：00~	東京六本木	大手総合法律事務所と損害賠償訴訟協議？
				18：30~	東京六本木	外部調査委員会1回目
		30	火	14：00~	京都本社	メインバンクM銀行とのファクタリング回収協議
	10	2	木	14：00~	東京六本木	大手総合法律事務所と損害賠償訴訟協議？
		3	金	13：00~	東京六本木	外部調査委員会2回目
		6	月	14：30~	京都本社	社内同種取引調査検討
		7	火	16：30~	京都本社	会計監査人への状況報告
		14	火	午前	大阪淀屋橋	メインバンクS銀行との手形流動化協議
				午後	京都烏丸	メインバンクM銀行とのシンジケートローン、コミットメントライン協議
		16	木	12：30~	京都本社	会計監査人によるGYL社長ディスカッション同席
		17	金	16：00~	東京六本木	外部調査委員会3回目
		21	火	16：00~	京都本社	会計監査人によるGYC社長ディスカッション同席
		24	金	11：00~	東京兜町	東京証券取引所（外部調査報告書事前相談）

資料6 時系列一覧

年	月	日	曜日	時間帯	場所	項目
2008	10	25	（休日）	終日	京都本社	外部調査報告書発表準備
		27	月	13：00~	東京六本木	外部調査委員会4回目
		28	火	15：00~	京都本社	社内での外部調査報告書報告会
		29	水	10：00~	東京兜町	東京証券取引所（外部調査報告書事前相談）
				14：00~	東京霞が関	関東財務局（外部調査報告書事前報告）
				16：00~	東京六本木	外部調査委員会5回目
		30	木	11：00~	大阪淀屋橋	メインバンクS銀行（外部調査報告書事前報告）
				14：00~	京都烏丸	メインバンクM銀行（外部調査報告書事前報告）
		31	金	9：30~	京都本社	取締役会（外部調査委員会報告書開示の承認）
				16：00~		外部調査委員会報告書開示
	11	3	（休日）	終日	京都本社	取引金融機関説明準備
		4	火	午後	京都市内	京都地区金融機関（5行）廻り（外部調査委員会報告書報告）
		5	水	9：00~	大阪淀屋橋	メインバンクS銀行への社長訪問同行（外部調査委員会報告書報告）
				終日	大阪市内	大阪地区金融機関（5行）廻り（外部調査委員会報告書報告）
				16：00~	京都烏丸	メインバンクM銀行への社長訪問同行（外部調査委員会報告書報告）
		7	金	9：30~	京都本社	取締役会（訂正報告書、決算短信の修正の承認）
				14：00~	東京兜町	東京証券取引所（決算短信修正の報告）
				16：00~		関東財務局への訂正報告書届出、東京証券取引所の決算短信の訂正の開示
		10	月	16：00~	東京六本木	外部調査委員会6回目
		14	金	9：00~	京都本社	取締役会（第2四半期決算の承認）
				16：00~	大阪北浜	大阪証券取引所（当時）（決算発表）
		18	火	17：30~	京都本社	メインバンクM銀行とのシンジケートローン、コミットメントライン　リ・アレンジメント交渉
		19	水	14：00~	京都本社	〃　銀行とのシンジケートローン、コミットメントライン　リ・アレンジメント再交渉
		20	木	9：00~	京都本社	経営協議会（労働組合執行委員を対象とした本事業の公式説明）
				10：00~	京都本社	コンプライアンス改善プロジェクト1回目
				15：30~	京都本社	メインバンクS銀行（手形流動化協議）
		21	金	15：00~	東京兜町	東京証券取引所への改善報告書提出（　同　開示）
						⇒訓告処分及び半年後に実施報告書の提出命令が下される
		26	水	15：00~	京都本社	コンプライアンス改善プロジェクト2回目
	12	1	月	10：30~	東京日本橋	中間決算IR
		2	火	10：30~	京都本社	社長へシンジケートローン、コミットメントライン交渉状況を報告
		3	水	13：00~	京都本社	コンプライアンス改善プロジェクト3回目（欠席）
		8	月	10：00~	京都本社	常務会（シンジケートローン、コミットメントライン契約再締結の承認）
		15	月	14：00~	京都本社	コンプライアンス改善プロジェクト4回目
		16	火	9：00~	大阪淀屋橋	メインバンクS銀行（手形流動化）
		17	水	10：30~	京都本社	メインバンクM銀行とのシンジケートローン、コミットメントライン　リ・アレンジメント交渉
		19	金	13：00~	京都本社	〃　銀行とのシンジケートローン、コミットメントライン　リ・アレンジメント再交渉
2009	1	13	火	14：00~	京都本社	コンプライアンス改善プロジェクト5回目
		22	木	15：30~	京都本社	コンプライアンス改善プロジェクト6回目
		29	木	13：00~	京都本社	コンプライアンス研修（2.5H）
	2	2	月	15：00~	京都本社	コンプライアンス改善プロジェクト7回目
		17	火	16：00~	京都本社	コンプライアンス改善プロジェクト8回目
	3	2	月	15：00~	京都本社	コンプライアンス改善プロジェクト9回目
		3	火	9：00~	京都本社	コンプライアンス改善プロジェクト11回目
		16	月	15：00~	京都本社	コンプライアンス改善プロジェクト12回目
		31	火	10：00~	京都本社	コンプライアンス改善プロジェクト13回目
	4	10	金	16：00~	東京兜町	東京証券取引所（改善状況報告書提出の事前相談）
		14	火	9：00~	京都本社	コンプライアンス改善プロジェクト14回目
		29	水	9：00~	京都本社	コンプライアンス改善プロジェクト15回目
	5	14	木	9：00~	京都本社	取締役会（第2四半期決算の承認）
				16：00~	大阪北浜	大阪証券取引所（当時）（決算発表）
		28	木	午後	京都本社	東京証券取引所現地調査対応
		29	金	終日	京都本社	東京証券取引所現地調査対応
	6	3	水	9：00~	京都本社	取締役会（改善状況報告書の承認）
				15：00~	東京兜町	東京証券取引所（改善状況報告書提出の提出）

（注）GYLは事業会社である株式会社ジーエス・ユアサライティングの略称
　　　GYCは純粋持株会社である株式会社ジーエス・ユアサコーポレーションの略称

●著者プロフィール

中川　敏幸（なかがわ　としゆき）

昭和32年（1957年）生まれ。京都市出身。

昭和56年（1981年）香川大学経済学部卒業後、日本電池株式会社（現株式会社ジーエス・ユアサコーポレーション）に入社。執行役員3年間、取締役12年間在任し、代表取締役副社長CFO（最高財務責任者）で退任。

現在は同社グループ以外の会社顧問及び非常勤監査役に従事する。

2008年の暑い夏
架空循環取引の発覚に直面して、苦闘した足跡とそこから得た教訓の記録

2024年10月26日　初版発行

著者　中川　敏幸

発行　株式会社大垣書店
〒603-8148 京都市北区小山西花池町1-1

印刷　小野高速印刷株式会社

ISBN 9784903954837